Gérard Chauvat
Jean-Philippe Réau

le 9 Aout 96
A Toulouse

Statistiques descriptives

AF860665

ARMAND COLIN

DANGER

LE PHOTOCOPILLAGE TUE LE LIVRE

Ce logo a pour objet d'alerter le lecteur sur la menace que représente pour l'avenir de l'écrit, tout particulièrement dans le domaine universitaire, le développement massif du « photocopillage ».

Cette pratique qui s'est généralisée, notamment dans les établissements d'enseignement, provoque une baisse brutale des achats de livres, au point que la possibilité même pour les auteurs de créer des œuvres nouvelles et de les faire éditer correctement est aujourd'hui menacée.

Nous rappelons donc que la reproduction et la vente sans autorisation, ainsi que le recel, sont passibles de poursuites. Les demandes d'autorisation de photocopier doivent être adressées à l'éditeur ou au Centre français d'exploitation du droit de copie : 3, rue Hautefeuille, 75006 Paris. Tél. : 43 26 95 35.

Collection Cursus TD, série Économie
dirigée par Bernard Simler

TABLE DES MATIÈRES

Tous droits de traduction, d'adaptation et de reproduction par tous procédés réservés pour tous pays.

Toute reproduction ou représentation intégrale ou partielle, par quelque procédé que ce soit, des pages publiées dans le présent ouvrage, faite sans l'autorisation de l'éditeur est illicite et constitue une contrefaçon. Seules sont autorisées, d'une part, les reproductions strictement réservées à l'usage privé du copiste et non destinées à une utilisation collective et, d'autre part, les courtes citations justifiées par le caractère scientifique ou d'information de l'œuvre dans laquelle elles sont incorporées (art. L. 122-4, L. 122-5 et L. 335-2 du Code de la propriété intellectuelle).

© Armand Colin/Masson, Paris, 1992, 1996

ISBN 2-200-21721-8

Masson & Armand Colin Éditeurs – 5, rue Laromiguière – 75241 Paris Cedex 05

AVERTISSEMENT

Cet ouvrage de *statistiques descriptives* – et non pas de probabilités – s'adresse aux étudiants de premier cycle des universités en Sciences économiques, Administration économique et sociale, en Droit et en Sciences sociales (géographie, histoire, sociologie, psychologie).

Son niveau correspond à une première année : il est donc totalement accessible aux titulaires du baccalauréat B, A1, A2 et A3.

Il est conçu pour permettre un travail personnel tout au long de l'année et, bien sûr, une bonne préparation aux examens.

Il sera suivi, dans cette même collection, par un volume de PROBABILITÉS.

Les exercices corrigés comportent un grand nombre de calculs numériques qui ont été faits à la calculatrice. Les résultats ont été arrondis et donnés avec un nombre de chiffres après la virgule adapté à chacun des cas. Lorsque les calculs sont faits en chaîne, dans un tableau par exemple, les calculs sont effectués avec 9 chiffres significatifs. Les calculs ultérieurs qui reprennent certains résultats, sont effectués avec les valeurs arrondies.

SÉRIES A UN CARACTÈRE

1

- DÉFINITIONS
- CARACTÈRE QUALITATIF
- CARACTÈRE QUANTITATIF

■ DÉFINITIONS

• ***Population :*** ensemble de référence, c'est-à-dire ensemble des unités observées.

• ***Individu ou unité statistique :*** tout élément de la population.

• ***Effectif total :*** nombre d'individus observés, noté n.

• ***Caractère :*** aspect particulier de l'individu auquel on s'intéresse. Il peut être **quantitatif** ou **qualitatif.** S'il est quantitatif, il peut être **discret** ou **continu.**

Remarque : La définition de la population est importante, car elle conditionne l'homogénéité des unités observées et la fiabilité des résultats.

■ CARACTÈRE QUALITATIF

• Un caractère est ***qualitatif*** s'il est lié à une observation ne faisant pas l'objet d'une mesure.
Exemple : la population française peut être caractérisée par :
— le sexe (masculin ou féminin);
— l'état matrimonial (célibataire, marié, veuf, divorcé).

• ***Modalités :*** ce sont les différentes rubriques associées à un caractère qualitatif. Ainsi, le caractère « sexe » comporte deux modalités.

Propriété : Les modalités d'un caractère doivent former une **partition,** c'est-à-dire doivent être exhaustives et disjointes. A chaque individu, on doit pouvoir associer une modalité et une seule.

• ***Nomenclature :*** ensemble des modalités précédées d'un numéro de code.

• ***Effectif n_i :*** nombre de fois où la modalité numéro i a été observée.

• ***Fréquence f_i :*** quotient de l'effectif n_i par l'effectif total n.

• ***Présentation en tableau***

MODALITÉS NUMÉRO i	EFFECTIFS n_i	FRÉQUENCES f_i
1	n_1	f_1
....	....	....
....	....	....
r	n_r	f_r

Remarques :

— On a les relations : $n = \sum_{i=1}^{r} n_i$ $\quad f_i = \dfrac{n_i}{\sum_{i=1}^{r} n_i}$ $\quad \sum_{i=1}^{r} f_i = 1$

— Les fréquences peuvent être exprimées, dans le tableau, en pourcentage.

— Lorsque les modalités ne permettent pas l'exhaustivité, on peut ajouter une modalité «*divers*», ou «*autres*», ou «*non réponses*», regroupant les individus impossibles à classer.

▪ CARACTÈRE QUANTITATIF

• Un caractère est ***quantitatif*** s'il est mesurable. Il est :
— **discret** si les valeurs observées sont isolées;
— **continu** s'il peut prendre toute valeur d'un intervalle réel.
On traite comme caractère continu tout caractère discret dont on a regroupé les valeurs dans des classes.

• ***Fréquences cumulées croissantes :*** cumul des fréquences associées aux valeurs du caractère *inférieures (strictement)* à x. On a :

$$F_1 = 0$$

$$F_i = \sum_{j=1}^{i-1} f_j \quad \text{pour} \quad i = 2 \ldots n$$

• ***Fonction de répartition :*** c'est la fonction F définie par :
$F(x)$ = proportion d'individus dont la valeur du caractère est inférieure à x.

• ***Tableau associé à un caractère quantitatif discret***

VALEURS OBSERVÉES x_i	EFFECTIFS n_i	FRÉQUENCES f_i	FRÉQUENCES CUMULÉES CROISSANTES F_i
x_1	n_1	f_1	F_1
....	....	....	....
....	....	....	....
x_p	n_p	f_p	F_p

• ***Tableau associé à un caractère quantitatif continu***

CLASSES NUMÉRO i $[b_i; b_{i+1}[$	CENTRES x_i	EFFECTIFS n_i	FRÉQUENCES f_i	FRÉQUENCES CUMULÉES CROISSANTES F_i
$[b_1; b_2[$	x_1	n_1	f_1	F_1
....	....	....	....	....
....	....	....	....	....
$[b_p; b_{p+1}[$	x_p	n_p	f_p	F_p

– Par convention, une **classe** est un intervalle fermé à gauche et ouvert à droite, du type $[b_i; b_{i+1}[$. Elle est dite « bornée » si $b_i \neq -\infty$ et $b_{i+1} \neq +\infty$.

– L'**effectif** n_i de la classe numéro i est le nombre d'individus dont le caractère prend une valeur supérieure ou égale à b_i et strictement inférieure à b_{i+1}.

– Le **centre** d'une classe bornée est $x_i = \dfrac{b_i + b_{i+1}}{2}$

– L'**amplitude** d'une classe bornée est $a_i = b_{i+1} - b_i$

– La **densité** d'une classe bornée est $d_i = \dfrac{n_i}{a_i}$

On calcule les densités lorsque les classes sont d'amplitudes inégales (mais finies).

EXERCICES

▪ DÉFINITIONS

1. Les populations suivantes sont-elles bien définies en vue d'une étude statistique :
a) le personnel de la banque B.N.K.?
b) les individus de nationalité française?
c) les habitants de Statville?
d) les petites annonces déposées sur le panneau d'affichage de la grande surface Hypertruc, au 1/04/91?
e) les chômeurs français au 1/01/92?

Réponses :

a) Le personnel de la banque B.N.K. ne correspond pas à une population bien définie. En effet, il peut s'agir :
– de l'effectif total au 31/12 dont congés sans solde, longues maladies et services militaires,
– du personnel permanent présent du 1/01 au 31/12,
– du personnel hors contrats à durée déterminée (remplaçants et temporaires) et congés sans solde.

b) Cette population est bien définie, mais elle n'exclut pas les individus ayant une double nationalité.

c) Cette définition ne permet pas de savoir si sont comptés :
– les appelés effectuant leur service militaire à Statville,
– les étudiants,
– les personnes ayant une résidence secondaire à Statville; etc.

d) Cette population est bien définie, car une petite annonce est ou n'est pas sur le panneau d'affichage.

e) La définition du mot chômeur n'est pas suffisamment précise ici.
– Le BIT (Bureau international du travail) donne comme définition du chômeur, toute personne qui simultanément :
est dépourvue d'emploi;
est à même de travailler;
cherche un emploi rémunéré;
est en quête de cet emploi.
Cette définition a été adoptée par l'INSEE en 1975.
– Autre définition possible : Toute personne sans emploi, inscrite à l'ANPE comme cherchant un emploi durable à temps plein pour lequel elle est immédiatement disponible.
– On peut également ne prendre en compte que les chômeurs indemnisés par l'UNEDIC.

2. L'INSEE annonce (*Premiers Résultats*, n° 12, février 84) : « Au 4 mars 1982, le nombre d'étrangers recensés s'élève à 3 680 100. »
La statistique annuelle du Ministère de l'Intérieur donne 4 223 928 étrangers au 31 décembre 81.
Comment expliquer la différence entre ces deux nombres?

Réponse :

La différence de dates ne suffit pas à expliquer l'écart important entre les deux sources citées. Celui-ci provient surtout du fait que les réalités prises en compte sont différentes et que les erreurs propres à chacune d'elles sont de sens contraire.
Ainsi, le Ministère de l'Intérieur décompte les titres de séjour en cours de validité et prend en compte les enfants de moins de 16 ans grâce à une déclaration des parents, tandis que l'INSEE procède par recensement, enquêtes sur le terrain avec l'aide des mairies.
Les deux méthodes présentent des lacunes et les deux nombres fournis sont certainement faux! L'INSEE pense qu'il avait sous-estimé la population étrangère d'environ 10 % au recensement de 1975. Par ailleurs, on peut penser que le Ministère de l'Intérieur sur-estime cette population, à cause de la méthode employée et peut-être aussi pour des « raisons politiques »...
Cet exemple montre l'importance de la définition de la population et des méthodes de collecte des données.

▪ CARACTÈRES QUALITATIFS

3. La production d'aluminium en 1988, dans cinq pays industrialisés, était la suivante (en milliers de tonnes) :

U.S.A.	5 262
U.R.S.S.	2 415
Canada	1 347
Japon	1 099
France	536

1° Calculer la production totale.
2° Calculer la proportion produite par chacun des pays.

Réponses

1° Il suffit de sommer la colonne pour obtenir la production totale, c'est-à-dire : 10 659 000 tonnes.

2° La proportion produite par chaque pays se calcule en faisant le quotient de la production d'un pays par la production totale.

	n_i	f_i (en %)
U.S.A.	5 262	49,4
U.R.S.S	2 415	22,7
Canada	1 347	12,6
Japon	1 099	10,3
France	536	5,0
Total	**10 659**	**100,0**

4. Voici un texte de Raymond Queneau :

> « Ondoyons un poupon, dit Orgon, fils d'Ubu. Bouffons choux, bijoux, poux, puis du mou, du confit, buvons non point un grog : un punch. Il but du vin itou, du rhum, du whisky, du coco, puis il dormit sur un roc. Un bruit du ru couvrit son son. Nous irons sous un pont où nous pourrons promouvoir un dodo, dodo du poupon du fils d'Orgon fils d'Ubu. Un condor prit son vol. Un lion riquiqui sortit pour voir un dingo. Un loup fuit. Un oppossum court. Où vont-ils? L'ours rompit son cou. Il souffrit. Un lis croît sur un mur : voici qu'il couvrit orillons ou goulots du cruchon ou du pot pur stuc. Ubu pond son poids d'or. »

Quelle est la lettre de l'alphabet français la plus fréquente dans ce texte? Quelles sont les trois lettres les moins fréquentes?

Réponse :

Par comptage (ou pointage) des lettres du texte, on obtient le tableau :

	n_i	f_i (en %)
a	0	0
b	8	1,72
c	16	3,45
d	26	5,60
e	0	0
f	9	1,94
g	6	1,29

	n_i	f_i (en %)
h	5	1,08
i	40	8,62
j	1	0,22
k	1	0,22
l	16	3,45
m	7	1,50
n	45	9,70

	n_i	f_i (en %)
o	80	17,24
p	22	4,74
q	3	0,65
r	33	7,11
s	33	7,11
t	22	4,74
u	76	16,38

	n_i	f_i (en %)
v	9	1,94
w	1	0,22
x	3	0,65
y	2	0,43
z	0	0

On voit alors que la lettre la plus fréquente de ce texte est le « o », suivi du « u », et qu'il ne contient ni « a », ni « e », ni « z » : il s'agit d'un lipogramme en a, e, z, publié dans *Oulipo : la littérature potentielle* (Gallimard).

5. Compléter le tableau ci-contre, sachant que la première et la dernière modalité ont des effectifs égaux :

MODALITÉS	FRÉQUENCES
A	....
B	0,12
C	0,34
D	0,27
E	0,15
F	....

Réponse :
Soit f_i les fréquences associées à chaque modalité.
On a : $f_2 + f_3 + f_4 + f_5 = 0{,}12 + 0{,}34 + 0{,}27 + 0{,}15 = 0{,}88$
Donc : $f_1 + f_6 = 1 - 0{,}88 = 0{,}12$
Comme $f_1 = f_6$ car, les effectifs étant égaux, les fréquences sont égales :

$$f_1 = f_6 = 0{,}06$$

■ CARACTÈRES QUANTITATIFS

6. Les caractères suivants sont-ils qualitatifs ou quantitatifs?

a) sexe
b) état matrimonial
c) âge
d) taille
e) couleur des yeux
f) poids
g) tension artérielle
h) taux de cholestérol
i) région habitée

Réponse :

Les caractères ***a, b, e, i*** sont des caractères qualitatifs car non mesurables.
Les caractères ***c, d, f, g, h*** sont des caractères quantitatifs, car à chaque individu on peut associer une valeur numérique.

7. Parmi les caractères quantitatifs suivants, quels sont ceux qui peuvent être considérés comme discrets et ceux qui peuvent être considérés comme continus?
a) chiffre d'affaires des P.M.E. agro-alimentaires
b) taille des entreprises du secteur tertiaire
c) quotient familial d'un contribuable
d) nombre de personnes habitant une résidence principale
e) nombre de places de cinéma associé à chaque salle
f) nombre d'enfants par ménage.

Réponses :

a) Le chiffre d'affaires est un caractère quantitatif continu, car il peut prendre n'importe quelle valeur réelle positive.

b) La taille des entreprises du secteur tertiaire correspond à un nombre entier, et peut donc être considéré comme discret. Mais il est souvent souhaitable de regrouper les entreprises de même taille (1 à 9 salariés, 10 à 49 salariés ...) : le caractère est alors traité comme un caractère continu.

c) Le quotient familial d'un contribuable n'est pas un nombre entier car il peut prendre les valeurs 1; 1,5; 2; 2,5; 3; 3,5; 4 ..., mais ce caractère est discret.

d) Le nombre de personnes habitant une résidence principale est un caractère discret.

e) Le nombre de places de cinéma associé à chaque salle est un caractère discret; mais, pour une étude statistique, il faudra regrouper les salles en fonction de la taille ([0; 100[, [100; 200[, [200; 300[, ...).

f) Le nombre d'enfants par ménage est un caractère discret.

8. Lors d'une étude sur la population d'une ville, on a recensé le nombre de personnes par ménage. On a obtenu le tableau suivant :

NOMBRE DE PERSONNES	1	2	3	4	5	6	7 et plus
NOMBRE DE MÉNAGES	2 327	4 533	8 918	10 405	6 210	2 134	1 123

Calculer les fréquences et les fréquences cumulées croissantes.

Réponse :

Pour calculer les fréquences, on calcule le quotient n_i/n, où n_i est l'effectif associé à la modalité x_i et n est l'effectif total.

Pour calculer les fréquences cumulées croissantes, on calcule pour chaque x_i la proportion de ménages ayant strictement moins de x_i personnes (voir cours).
Le tableau ci-contre doit être interprété de la façon suivante :
Par exemple, la valeur 0,192 est attachée à la valeur 3 du caractère. Donc 19,2 % des ménages sont composés de moins de 3 personnes, c'est-à-dire sont composés de 1 ou 2 personnes.

x_i	n_i	f_i	F_i
1	2 327	0,065	0,000
2	4 533	0,127	0,065
3	8 918	0,250	0,192
4	10 405	0,292	0,442
5	6 210	0,174	0,734
6	2 134	0,060	0,908
7 et +	1 123	0,032	0,968
Total	**35 650**	**1,000**	

Remarque :
Si la fréquence cumulée croissante associée à la modalité x_i du caractère est définie comme la proportion de ménages composés de x_i ou moins de x_i personnes, la fréquence cumulée attachée à la valeur 3 n'est plus 0,192, mais 0,442.
Pour éviter les problèmes d'interprétation liés à la définition, on peut adopter la présentation du tableau ci-contre. Par exemple, la proportion des ménages composés de 1, 2 ou 3 personnes est égale à 44,2 %.

x_i	n_i	f_i	F_i
			0,000
1	2 327	0,065	
			0,065
2	4 533	0,127	
			0,192
3	8 918	0,250	
			0,442
4	10 405	0,292	
			0,734
5	6 210	0,174	
			0,908
6	2 134	0,060	
			0,968
7 et +	1 123	0,032	
			1,000
Total	**35 650**	**1,000**	

9. Pour chacune des distributions ci-dessous, écrire les classes sous forme d'intervalles réels et calculer leur centre.

diamètres (en mm)	***tranches d'âge***	***poids*** (en kg)
140-145	0- 5 ans	moins de 70
145-150	6-10 ans	de 70 à moins de 75
150-155	11-15 ans	de 75 à moins de 80
155-160	16-20 ans	de 80 à moins de 85
160-165	21-25 ans	de 85 à moins de 90
165-170	26-30 ans	de 90 à moins de 100
		plus de 100

Réponses :

diamètres (en mm)	***centres***
[140; 145[	142,5
[145; 150[	147,5
[150; 155[	152,5
[155; 160[	157,5
[160; 165[	162,5
[165; 170[	167,5

tranches d'âge	***centres***
[0; 5,5[	2,75
[5,5; 10,5[	8
[10,5; 15,5[	13
[15,5; 20,5[	18
[20,5; 25,5[	23
[25,5; 30,5[	28

poids (en kg)	***centres***
[0; 70[	35
[70; 75[	72,5
[75; 80[	77,5
[80; 85[	82,5
[85; 90[	87,5
[90; 100[	95
[100; + ∞[	–

Remarques :
La seconde distribution n'est pas correctement définie. En effet un individu ayant 20 ans et 3 mois n'est situé dans aucune tranche d'âge, d'où la construction d'intervalles disjoints et contigus.
Dans la troisième distribution, la dernière classe n'a pas de centre. La première classe a pour centre 35; il faut donc être prudent au niveau de l'interprération statistique de cette valeur. Pour des calculs ultérieurs, il peut être souhaitable de ne pas tenir compte de la première et de la dernière classe.

10. Compléter le tableau suivant :

CLASSES	CENTRES	FRÉQUENCES	FRÉQUENCES CUMULÉES	DENSITÉS
[10; 20[	...	0,08	...	...
[20; 30[	...	0,21	...	...
[30; 40[	...	...	0,55	...
[40; 60[	...	...	0,86	...
[60; 80[	...	...	...	...

Réponse :

CLASSES	CENTRES	FRÉQUENCES	FRÉQUENCES CUMULÉES	DENSITÉS
[10; 20[	15	0,08	0,08	0,008
[20; 30[	25	0,21	0,29	0,021
[30; 40[	35	0,26	0,55	0,026
[40; 60[	50	0,31	0,86	0,015 5
[60; 80[	70	0,14	1,00	0,007

On peut remarquer que la connaissance des fréquences cumulées permet de calculer les fréquences. Les densités sont calculées ici comme le quotient des fréquences par les amplitudes.

11. L'étude statistique d'une population a permis de regrouper les individus par classes dont les centres sont les suivants :

52, 60, 68, 76, 84, 92

1° Quelle est l'amplitude des classes?
2° Calculer la limite inférieure et la limite supérieure de chaque classe?

Réponses :

1° L'amplitude de chaque classe est égale à 8.

2° Les classes retenues sont les suivantes :

[48; 56[, [56; 64[, [64; 72[, [72; 80[, [80; 88[, [88; 96[

PROBLÈMES (énoncés)

12. Les ouvriers d'une entreprise sont répartis en fonction de leur salaire horaire, dans le tableau suivant :

SALAIRE (en F)	EFFECTIFS
[20; 25[	38
[25; 30[	59
[30; 35[	47
[35; 40[	24
[40; 45[	12
plus de 45	2

1° Quelle limite doit-on donner à la dernière classe si l'on veut que toutes les classes aient même amplitude?
2° Calculer le centre de chaque classe.
3° Calculer les fréquences associées à chaque classe.
4° Quelle est la proportion d'ouvriers gagnant moins de 35 F de l'heure?

13. Une enquête sur la taille de 50 personnes donne les résultats suivants (en cm) :

158	172	166	170	168	175	152	190	191	157
163	160	149	186	188	172	173	184	181	180
172	169	171	173	171	180	198	167	175	177
170	173	168	167	169	180	181	178	166	164
160	168	166	162	170	182	183	190	167	169

1° Classer ces données (amplitude des classes 5 cm : [145; 150[; ...).
2° Calculer les fréquences.
3° Calculer les fréquences cumulées croissantes.

14. Voici des données ponctuelles :

Mme Métay	38 ans	gradée
M. Neveu	27	employé
M. Perrin	53	cadre
Mme Richer	47	cadre
Mme Traindon	54	employée
M. Barthélémy	36	employé
Mme Lucas	58	cadre
Mme Videgrain	37	employée
M. Zanatta	27	gradé
M. Brault	59	cadre
M. Tasse	30	cadre
Mme Caplan	33	employée
Mme Bruneau	26	gradée
M. Deforges	44	cadre
Mme Landré	59	employée
Mme Martin	20	employée
M. Perreti	62	cadre
Mme Blanchard	48	employée
Mme Bonnet	45	employée
Mme Rodhain	32	gradée

M. Moquet	53 ans	cadre
M. Papillon	26	employé
M. Plunian	35	cadre
Mlle Surreau	23	employée
M. Yvenat	27	employé
Mme Chevallier	47	gradée
Mme Naud	28	employée
M. Kinski	48	employé
Mme Leon	56	employée
Mme Gallard	59	employée
Mme Leclerc	30	gradée
M. Maillet	38	gradé
Mme Charpentier	31	gradée
Mme Foussier	24	employée
Mme Liny	38	employée
Mme Ragot	29	cadre
Mme Bureau	65	gradée
M. Arbonat	57	cadre
Mme Maupoint	56	gradée
Mme Eymard	44	employée

Compléter les tableaux suivants :

Sexe	EFFECTIFS	FRÉQUENCES
Hommes Femmes		
Total		

Age	EFFECTIFS	FRÉQUENCES
moins de 25 de 25 à 34 de 35 à 44 de 45 à 54 de 55 à 59 plus de 60		
Total		

Qualification	EFFECTIFS	FRÉQUENCES
employé(e)s gradé(e)s cadres		
Total		

Qualification	EMPLOYÉS			GRADÉS			CADRES			**Total**
Sexe / *Age*	H	F	H+F	H	F	H+F	H	F	H+F	
moins de 25 de 25 à 34 de 35 à 44 de 45 à 54 de 55 à 59 plus de 60										
Total										

15. On considère l'ensemble des notes obtenues, lors d'un test noté sur 20, par 50 candidats.

10	8	3	12	13	9	12	9	12	11
11	11	8	5	13	14	14	6	12	16
7	11	10	10	2	15	12	10	1	14
11	7	8	10	13	9	13	9	7	13
11	19	9	4	10	8	9	6	7	14

1° Dépouiller ces données et présenter les résultats dans un tableau. (On prendra les classes suivantes : [0; 5[, [5; 7[, [7; 9[, [9; 11[, [11; 13[, [13; 15[, [15; 20]).
2° Calculer les fréquences.
3° Calculer les fréquences cumulées.
4° Quelle est la proportion des candidats ayant une note inférieure à 9?
5° Quelle est la proportion des candidats ayant une note supérieure ou égale à 13?
6° Quelle est la proportion des candidats ayant une note comprise entre 5 et 20?
7° Quelle est la classe dont la densité est la plus forte et celle dont la densité est la plus faible?

PROBLÈMES (solutions)

12. 1° Pour que toutes les classes aient même amplitude, il faut que la dernière classe ait une amplitude de 5. La limite supérieure de cette classe doit donc être 50.

2° Le centre de chaque classe est le milieu de l'intervalle. (Voir tableau ci-dessous.)

3° L'effectif total est égal à la somme des effectifs de chaque classe :

$$n = 38 + 59 + 47 + 24 + 12 + 2 = 182$$

Les fréquences correspondent aux quotients de chacun des effectifs par l'effectif total 182. On obtient le tableau suivant :

SALAIRES	EFFECTIFS	CENTRES	FRÉQUENCES (en %)
[20; 25[	38	22,50	20,88
[25; 30[	59	27,50	32,42
[30; 35[	47	32,50	25,82
[35; 40[	24	37,50	13,19
[40; 45[	12	42,50	6,59
[45; 50[	2	47,50	1,10
Total	**182**		**100,00**

4° La proportion d'ouvriers gagnant moins de 35 F est égale à la somme des fréquences des trois premières classes :

$$20{,}88\ \% + 32{,}42\ \% + 25{,}82\ \% = 79{,}12\ \%$$

13. Pour classer les données et les dépouiller, on dresse le tableau suivant :

CLASSES	COMPTAGE	EFFECTIFS	FRÉQUENCES	FRÉQUENCES CUMULÉES
[145; 150[	|	1	0,02	0,02
[150; 155[	|	1	0,02	0,04
[155; 160[	||	2	0,04	0,08
[160; 165[	~~||||~~	5	0,10	0,18
[165; 170[	~~||||~~ ~~||||~~ ||	12	0,24	0,42
[170; 175[	~~||||~~ ~~||||~~ |	11	0,22	0,64
[175; 180[	||||	4	0,08	0,72
[180; 185[	~~||||~~ |||	8	0,16	0,88
[185; 190[	||	2	0,04	0,92
[190; 195[	|||	3	0,06	0,98
[195; 200[	|	1	0,02	1,00
Total		**50**	**1,00**	

L'interprétation des fréquences cumulées est par exemple :

64 % des individus mesurent moins de 175 cm.

14.

Sexe	EFFECTIFS	FRÉQUENCES
Hommes	15	0,375
Femmes	25	0,625
Total	**40**	**1,000**

Age	EFFECTIFS	FRÉQUENCES
moins de 25	3	0,075
de 25 à 34	13	0,325
de 35 à 44	8	0,200
de 45 à 54	7	0,175
de 55 à 59	7	0,175
plus de 60	2	0,050
Total	**40**	**1,000**

Qualification	EFFECTIFS	FRÉQUENCES
employé(e)s	19	0,475
gradé(e)s	10	0,250
cadres	11	0,275
Total	**40**	**1,000**

Qualification	EMPLOYÉS			GRADÉS			CADRES			**Total**
Sexe / *Age*	H	F	H + F	H	F	H + F	H	F	H + F	
moins de 25	0	3	3	0	0	0	0	0	0	3
de 25 à 34	3	2	5	1	4	5	2	1	3	13
de 35 à 44	1	4	5	1	1	2	1	0	1	8
de 45 à 54	1	2	3	0	1	1	2	1	3	7
de 55 à 59	0	3	3	0	1	1	2	1	3	7
plus de 60	0	0	0	0	1	1	1	0	1	2
Total	5	14	19	2	8	10	8	3	11	40

15. 1°

CLASSES	EFFECTIFS	FRÉQUENCES	FRÉQUENCES CUMULÉES	DENSITÉS
[0; 5[	4	0,08	0,08	0,8
[5; 7[	3	0,06	0,14	1,5
[7; 9[	8	0,16	0,30	4,0
[9; 11[	12	0,24	0,54	6,0
[11; 13[	11	0,22	0,76	5,5
[13; 15[	9	0,18	0,94	4,5
[15; 20[	3	0,06	1,00	0,6
Total	**50**	**1,00**		

2° $f_i = n_i/50$ (voir tableau).

3° $F_i = \sum_{j=1}^{i} f_j$ (voir tableau).

4° Proportion de candidats ayant moins de 9 : il suffit de lire dans le tableau la fréquence cumulée croissante associée à la classe [7; 9[. 30 % des candidats ont une note inférieure à 9.

5° Proportion de candidats ayant une note supérieure ou égale à 13 : somme des fréquences associées aux classes [13; 15[et [15; 20[, donc 24 % des candidats ont une note supérieure ou égale à 13.

6° Proportion des candidats ayant une note comprise entre 5 et 20 : la somme des fréquences est égale à 100 %. Pour calculer cette proportion, il suffit de retrancher la fréquence associée à la première classe. La proportion des candidats ayant entre 5 et 20 est donc égale à (100 – 8) %, c'est-à-dire 92 %.

7° Densités : $d_i = n_i/a_i$ (voir tableau).
La classe où la densité est la plus forte est la classe [9; 11[. Celle où la densité est la plus faible est la classe [15; 20[.
Remarque : La classe [5; 7[a le même effectif que la classe [15; 20[, mais la densité associée est beaucoup plus forte.

REPRÉSENTATIONS GRAPHIQUES

2

- **CARACTÈRES QUALITATIFS**
- **CARACTÈRES QUANTITATIFS DISCRETS**
- **CARACTÈRES QUANTITATIFS AVEC REGROUPEMENT EN CLASSES**
- **DIAGRAMMES SPÉCIFIQUES**

Dans ce résumé de cours, certaines représentations graphiques sont symbolisées par des pictogrammes.

■ CARACTÈRES QUALITATIFS

Les représentations graphiques des caractères qualitatifs sont très nombreuses et sont fonctions des différentes modalités du caractère.

• *Diagramme à bandes*

Le caractère étant qualitatif, on place sur une droite horizontale les modalités du caractère. On porte sur un axe vertical les effectifs ou les fréquences et on trace une bande verticale proportionnelle à l'effectif associé à chaque modalité.

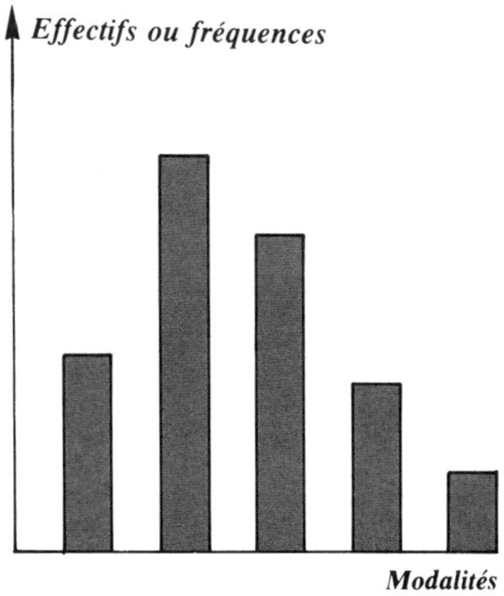

• *Diagramme à secteurs*

L'effectif total est représenté par un disque (ou un demi-disque). Chaque modalité est représentée par un secteur circulaire dont la surface est proportionnelle à l'effectif correspondant.
Remarque : En fait, la surface d'un secteur circulaire étant proportionnelle à l'angle au centre, seule la valeur de celui-ci est calculée.

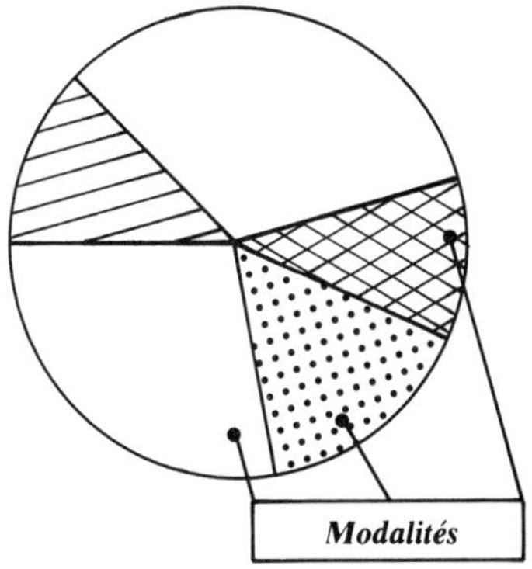

• ***Diagramme figuratif***

Les effectifs associés à chaque modalité sont représentés par des symboles liés au type de caractère. Ces diagrammes sont utilisés pour leur aspect esthétique, mais ils manquent en général de précision.

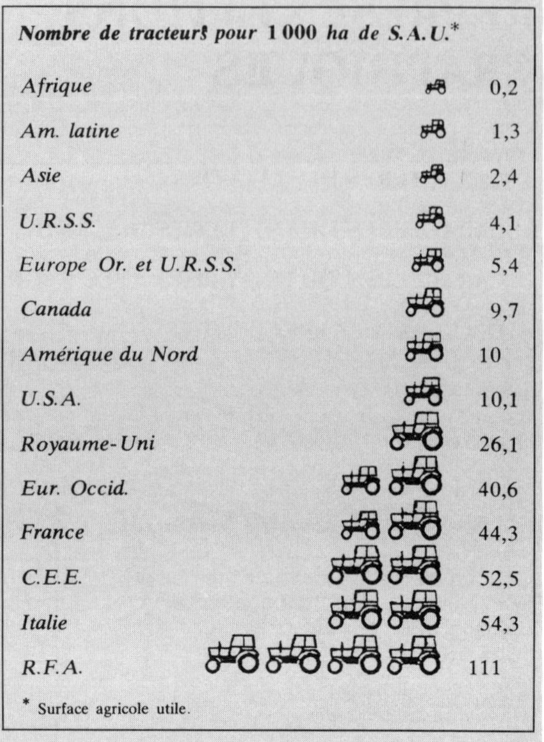

Source :
Atlas économique, social, politique, stratégique (1983)

▪ CARACTÈRES QUANTITATIFS DISCRETS

• ***Diagramme en bâtons***

Le caractère étant quantitatif, on porte sur l'axe des abscisses les valeurs discrètes du caractère, et sur l'axe des ordonnées les effectifs (ou fréquences) associés au caractère. On trace des bâtons verticaux dont la longueur est proportionnelle aux effectifs (ou fréquences).

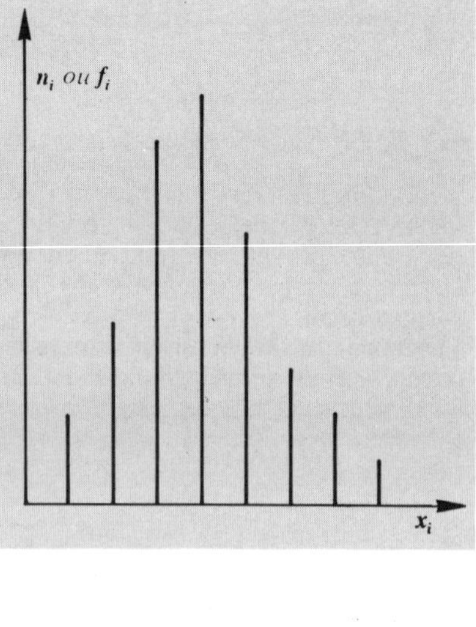

• ***Diagramme cumulatif***

Le diagramme cumulatif n'est pas un schéma associant les effectifs aux valeurs du caractère, mais il permet de visualiser l'évolution des effectifs cumulés (ou fréquences cumulées) liés aux valeurs du caractère. Le caractère étant discret, la courbe des fréquences cumulées est une fonction en escalier. C'est la fonction de répartition, notée F, définie par :

> $F(x)$ = proportion des individus dont la valeur du caractère est strictement inférieure à x.

Chaque segment de la courbe en escalier est donc ouvert à gauche et fermé à droite (sauf le dernier).

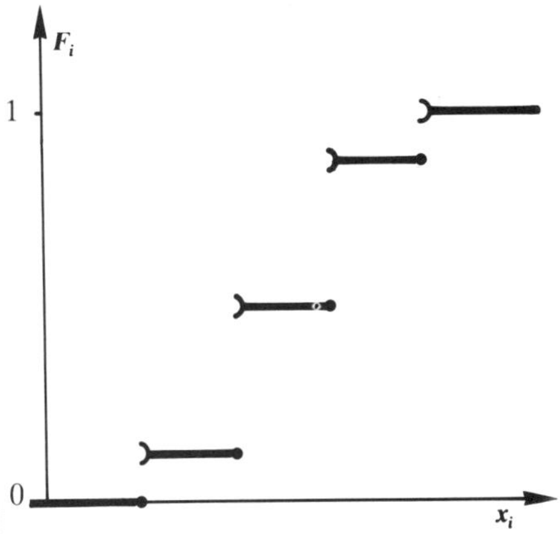

■ CARACTÈRES QUANTITATIFS AVEC REGROUPEMENT EN CLASSES

• ***Histogramme***

Un histogramme est un ensemble de rectangles contigus, chaque rectangle, associé à chaque classe, ayant une surface proportionnelle à l'effectif de cette classe.

— **Classes d'amplitudes égales**
Les classes étant d'amplitudes égales, il suffit que chaque rectangle ait une hauteur proportionnelle à l'effectif de chaque classe.

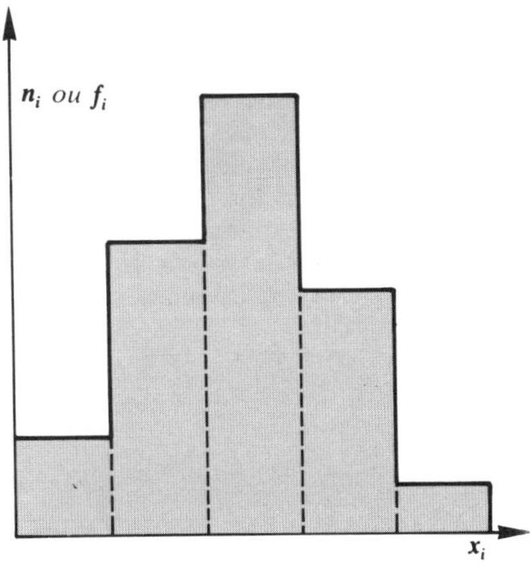

— **Classes d'amplitudes inégales**
Les classes étant d'amplitudes inégales, la hauteur proportionnelle à l'effectif ne permet plus de construire un histogramme. Il faut alors construire des rectangles dont la hauteur est proportionnelle à la densité, ce qui permet d'assurer une surface proportionnelle à l'effectif.

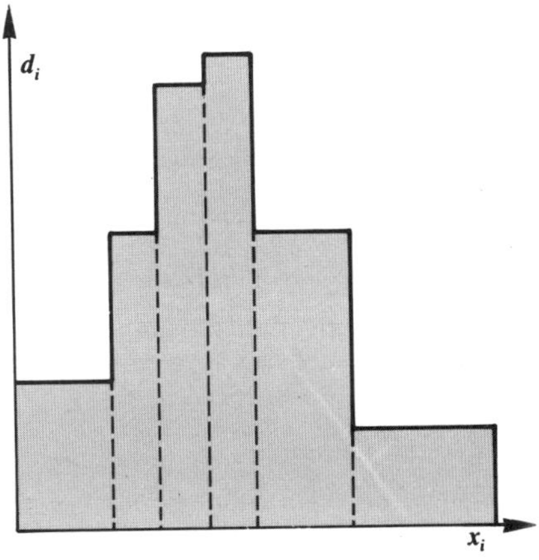

- ***Polygone des fréquences***

Si les classes sont d'amplitudes égales, on trace le polygone des fréquences en joignant les milieux des segments supérieurs de chaque rectangle (en ajoutant éventuellement deux classes de même amplitude et d'effectif nul, de chaque côté de l'histogramme). Ce polygone des fréquences a une surface égale à la surface de l'histogramme.
Remarque : Si les classes sont d'amplitudes inégales, on peut également tracer un polygone des fréquences, mais en prenant soin que la surface de celui-ci soit toujours égale à la surface de l'histogramme.

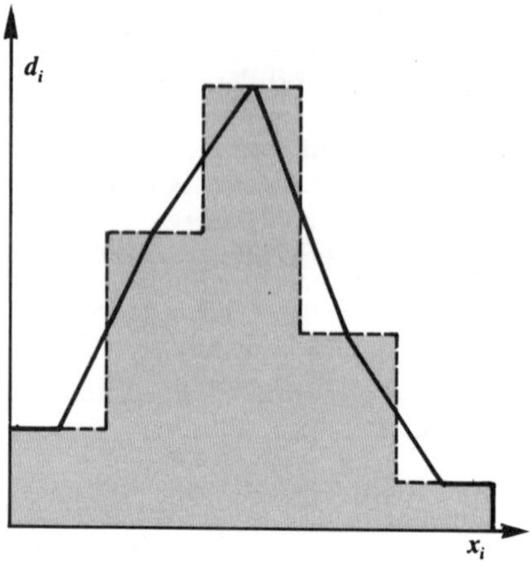

- ***Courbe des fréquences cumulées croissantes***

Les individus étant regroupés en classes, la fréquence cumulée associée à la classe numéro i correspond à la proportion d'individus dont la valeur du caractère est strictement inférieure à la limite supérieure de la classe numéro i.
Remarque : On peut également tracer une courbe associée aux fréquences cumulées décroissantes.

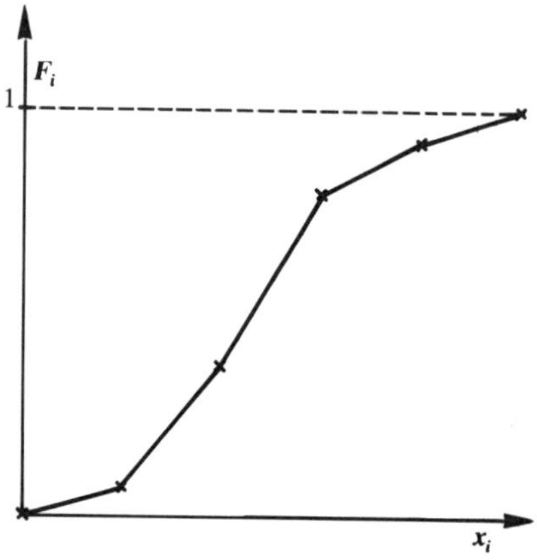

▪ DIAGRAMMES SPÉCIFIQUES (*voir graphiques pages suivantes*)

- ***Diagramme triangulaire***

Le diagramme triangulaire est utilisé lorsque l'on est en présence de statistiques ternaires, c'est-à-dire de valeurs numériques réparties sur trois postes. On utilise un triangle équilatéral, dans lequel on situe les différents individus en fonction des trois valeurs associées à chaque poste.

- ***Diagramme cartographique***

Lorsque les individus statistiques sont répartis sur le plan géographique, on utilise une carte pour visualiser les valeurs associées à un caractère et à une région.

- ***Pyramide des âges***

Lorsque l'on répartit une population en fonction de l'âge et du sexe des individus, on représente le phénomène à l'aide d'un diagramme particulier appelé pyramide des âges.

- ***Diagramme triangulaire***

***Répartition de l'emploi en trois secteurs* (1975).**

(Source : CAHIERS FRANÇAIS)

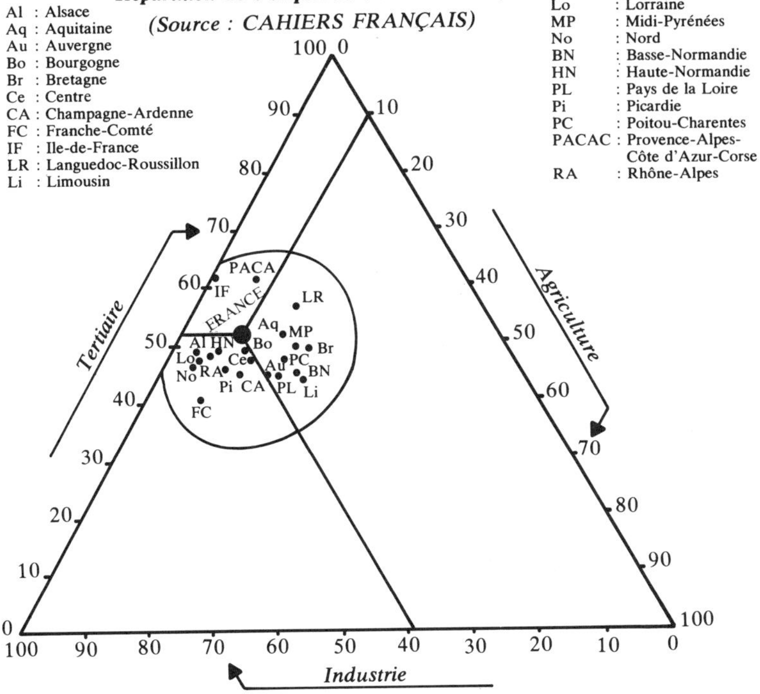

- ***Diagramme cartographique***

***Le suicide par département pour les hommes de 45 à 54 ans* (1968-1978).**

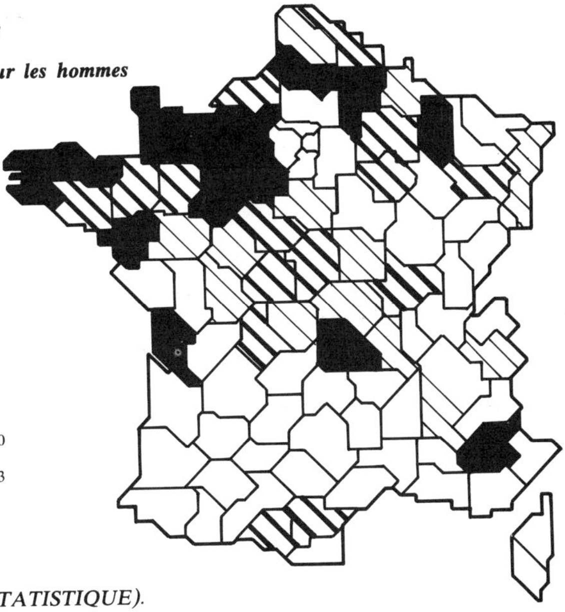

(Source : ECONOMIE ET STATISTIQUE).

• ***Pyramide des âges de la population au 1/1/1989***
(évaluation provisoire) – Source : INSEE

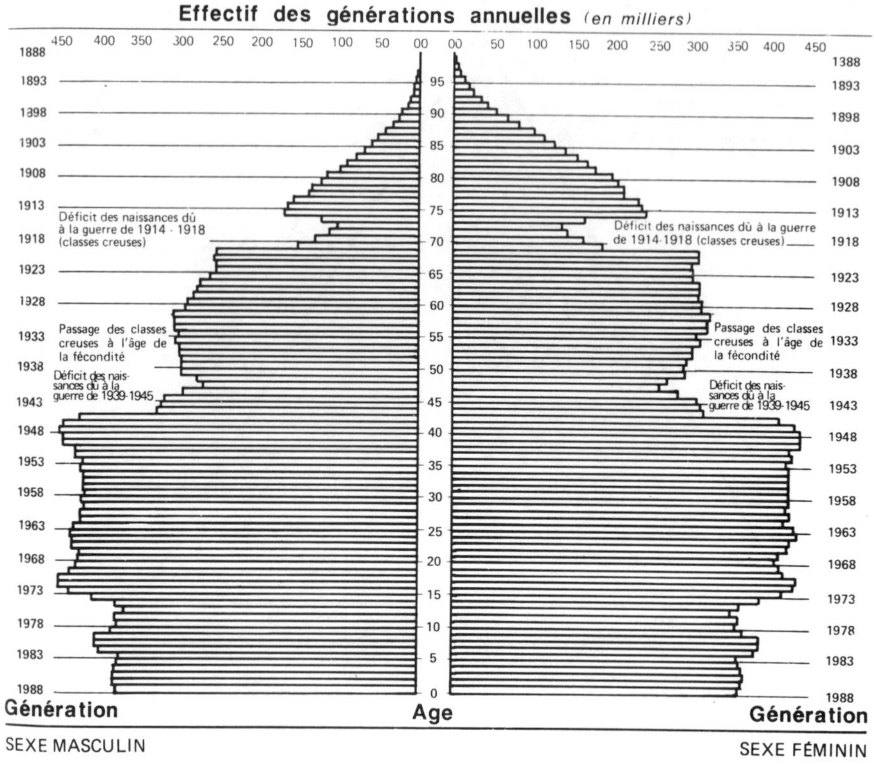

EXERCICES

▪ CARACTÈRES QUALITATIFS

1. Le tableau suivant correspond au nombre de véhicules motorisés exportés durant l'année 1991, par une entreprise française, vers les pays du Proche-Orient.

Arabie Saoudite	1 700
Égypte	1 050
Irak	2 190
Israël	310
Jordanie	1 960
Syrie	2 570

Donner une représentation graphique du phénomène.

Réponse :

Le caractère étant qualitatif, on peut utiliser un diagramme à bandes pour représenter ce phénomène. En effet, ce type de diagramme permet une comparaison des effectifs associés à chaque modalité.

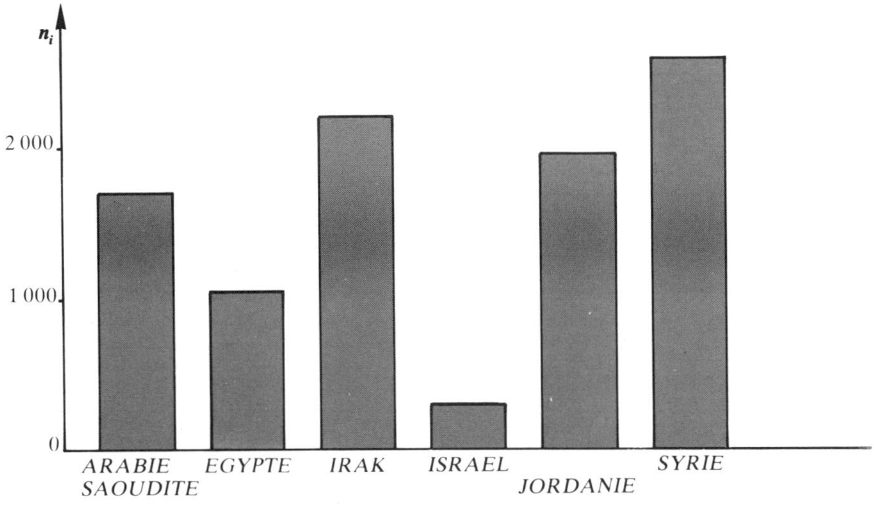

2. Le tableau suivant représente la population de certains pays en 1988 et la population prévue en 2020 (en millions d'habitants).

Pays	*Population 1988*	*Population 2020*
Chine	1 087	1 361
Inde	817	1 310
U.R.S.S.	286	355
U.S.A.	244	297
Indonésie	177	284
Brésil	144	234
Japon	123	123
Mexique	84	138

Donner une représentation graphique de ce tableau.

Réponse :

La représentation graphique peut se faire à l'aide d'un diagramme à bandes, sur lequel on peut comparer 1988 et 2020.

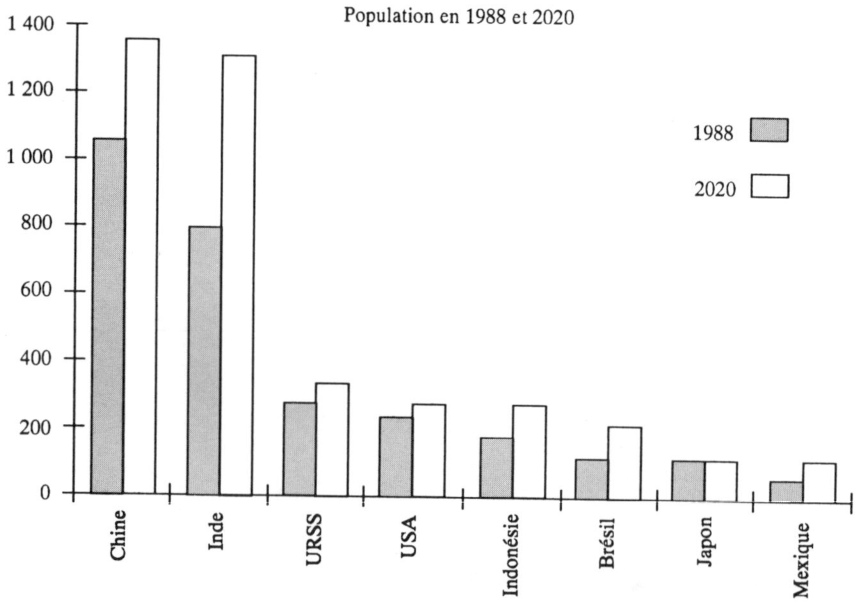

3. La répartition des étudiants d'une faculté de Droit et Sciences Économiques en fonction de leur niveau d'étude et de leur spécialité est la suivante :

	DROIT	SCIENCES ÉCONOMIQUES
DEUG 1ère année	650	324
DEUG 2ème année	296	132
LICENCE	217	92
MAÎTRISE	148	78
TROISIÈME CYCLE	52	23

Donner une représentation graphique de ce tableau.

Réponse :

Pour pouvoir comparer les filières droit et sciences économiques, nous allons représenter sur le même diagramme les effectifs associés à chaque année d'étude.

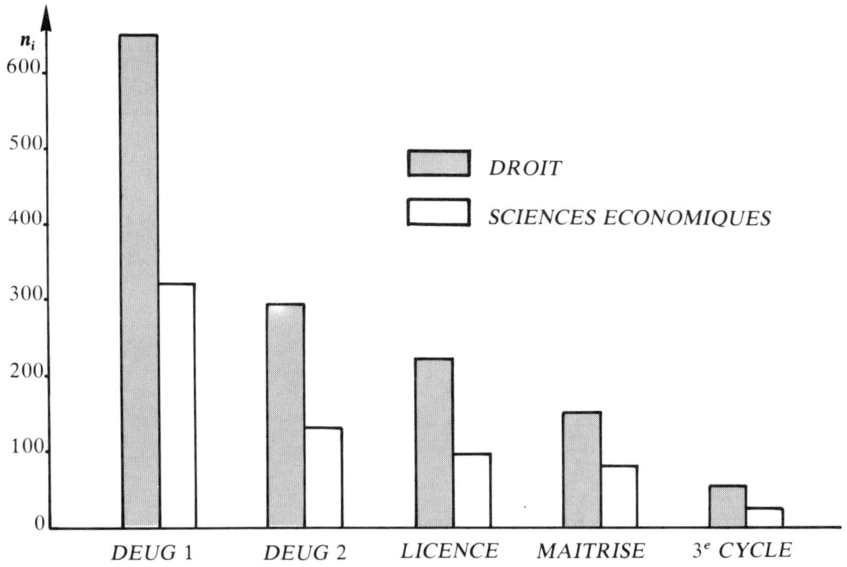

4. En 1989, le taux de chômage dans certains pays de l'O.C.D.E. était le suivant (en % de la population active) :

Pays	*Taux 1989*
U.S.A.	5,20
Japon	2,30
France	9,60
Allemagne	5,50
Royaume-Uni	6,90
Italie	10,90
Suède	1,40

Donner une représentation graphique.

Réponse :

Pour représenter graphiquement ce phénomène, nous allons utiliser un diagramme à bandes, qui permet une comparaison des pourcentages dans les différents pays.

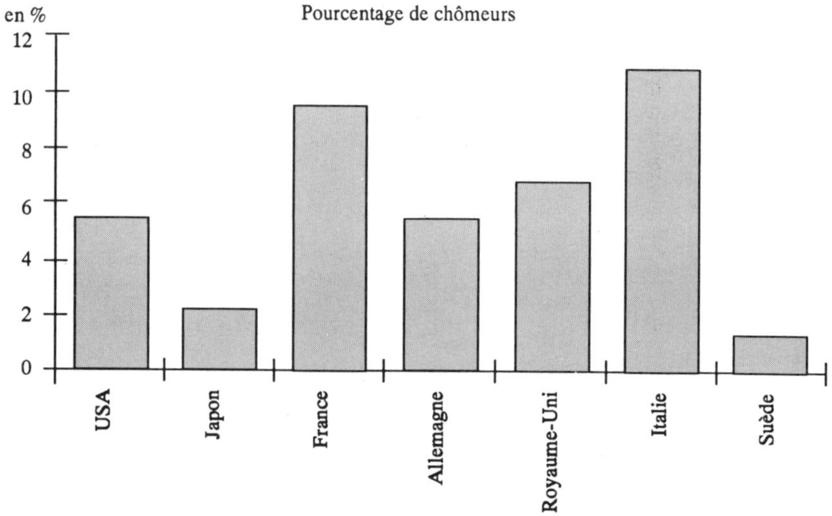

5. Le tableau suivant donne la production énergétique de la France en 1980 et 1988, en fonction des différents types d'énergie.

Énergie	*1980*	*1988*
Charbon	24,1	8,6
Pétrole	4,4	3,9
Gaz	11,6	2,7
Hydraulique	28,9	17,9
Nucléaire	25,1	62,8
Énergies nouvelles	5,9	4,1

Comparer ces résultats à l'aide de diagrammes à secteurs.

Réponse :

Dans ces diagrammes, la surface de chaque secteur est proportionnelle à la part associée à chacune des énergies. Il faut calculer l'angle au centre, qui est proportionnel à la surface de chaque secteur.

Exemple : Pour le pétrole, en 1980, le secteur représente 4,4 % de la surface totale; l'angle au centre est donc égal à 4,4 % de 360 degrés, soit environ 16 degrés.
On obtient le tableau suivant :

Énergie	*1980* %	*1980* ANGLE	*1988* %	*1988* ANGLE
Charbon	24,1	87	8,6	31
Pétrole	4,4	16	3,9	14
Gaz	11,6	42	2,7	10
Hydraulique	28,9	104	17,9	64
Nucléaire	25,1	90	62,8	226
Énergies nouvelles	5,9	21	4,1	15

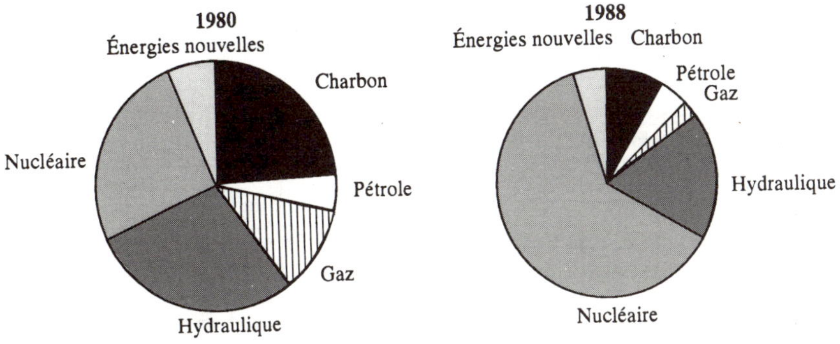

Consommation énergétique de la France.

6. Une population de ménages a été répartie en fonction du nombre de parts familiales permettant le calcul de l'impôt sur le revenu.

NOMBRE DE PARTS	1	1,5	2	2,5	3	3,5	4	4,5
NOMBRE DE MÉNAGES	48	58	136	184	210	122	62	12

1° Calculer la proportion de ménages ayant plus de 2 parts familiales.
2° Donner une représentation graphique de cette population.

Réponses :

1° La proportion de ménages ayant plus de 2 parts familiales est :

$$p = (184 + 210 + 122 + 62 + 12)/832 = 590/832 \approx 0{,}71$$

2° Le caractère est un caractère quantitatif discret et peut donc être représenté par un diagramme en bâtons. La hauteur de chaque bâton est proportionnelle à l'effectif.

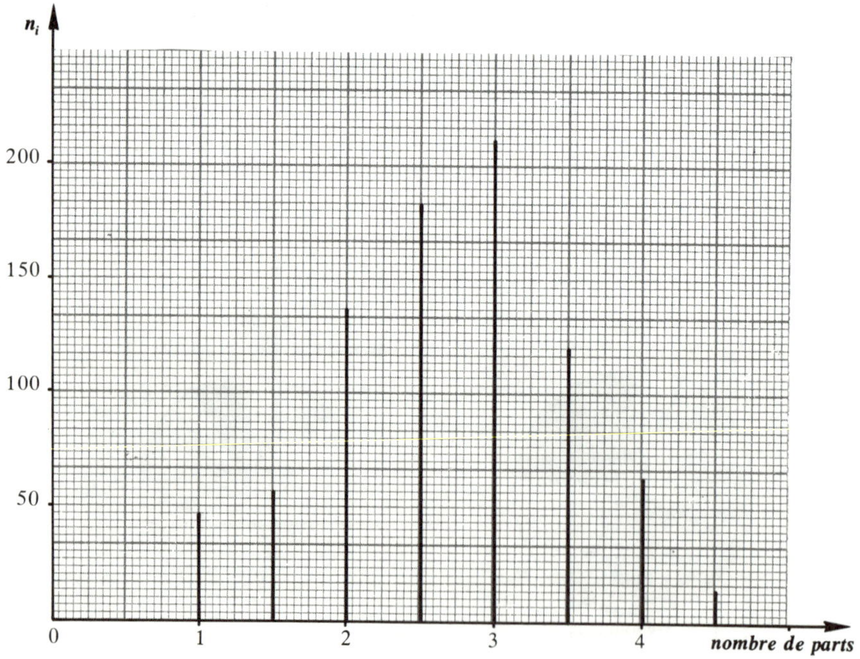

7. Le tableau suivant donne la répartition des ménages d'une population suivant le nombre de véhicules automobiles possédés.

VÉHICULES AUTOMOBILES	0	1	2	3	4 et plus
NOMBRE DE MÉNAGES	488	1 872	884	186	18

1° Donner une représentation graphique du phénomène.
2° Dessiner le diagramme cumulatif.

Réponses :

1° Le caractère est un caractère quantitatif discret. La dernière modalité « 4 et plus » sera assimilée à la modalité « exactement 4 » pour la représentation graphique qui dans ce cas sera un diagramme en bâtons.

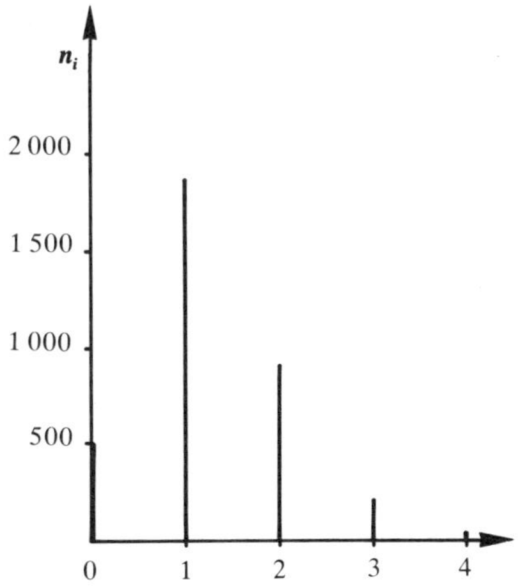

2° Pour le diagramme cumulatif, on va utiliser les fréquences cumulées.

x_i	n_i	f_i	F_i
			0,000
0	488	0,142	0,142
1	1 872	0,543	0,685
2	884	0,256	0,941
3	186	0,054	0,995
4 et +	18	0,005	1,000
	3 448	**1,000**	

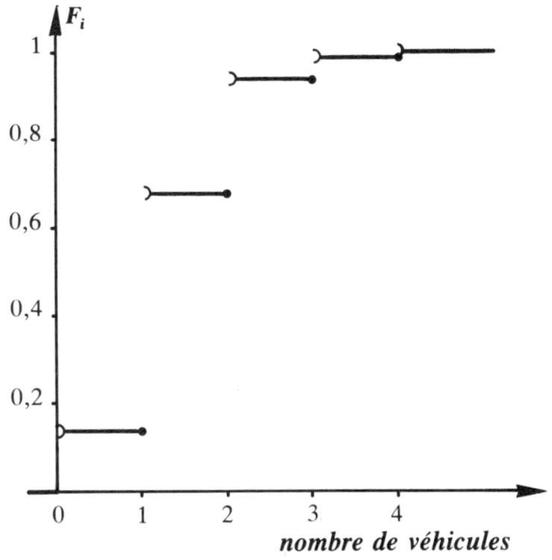

Remarque : Pour l'interprétation du tableau, voir l'exercice **8** chapitre **1.**

▪ CARACTÈRES QUANTITATIFS AVEC REGROUPEMENT EN CLASSES

8. Les notes obtenues à un examen par les candidats sont consignées dans le tableau suivant :

NOTE	[0;4[	[4;6[	[6;8[	[8;10[	[10;11[	[11;12[	[12;14[	[14;16[	[16;20[
NOMBRE DE CANDIDATS	20	60	90	100	70	80	70	40	20

Construire un histogramme représentant ce tableau.

Réponse :

Le caractère est regroupé en classes, mais celles-ci sont d'amplitudes inégales. Il faut calculer la densité de chaque classe pour pouvoir dessiner l'histogramme.

NOTE	[0;4[	[4;6[	[6;8[	[8;10[	[10;11[	[11;12[	[12;14[	[14;16[	[16;20[
NOMBRE DE CANDIDATS	20	60	90	100	70	80	70	40	20
AMPLITUDE	4	2	2	2	1	1	2	2	4
DENSITÉ	5	30	45	50	70	80	35	20	5

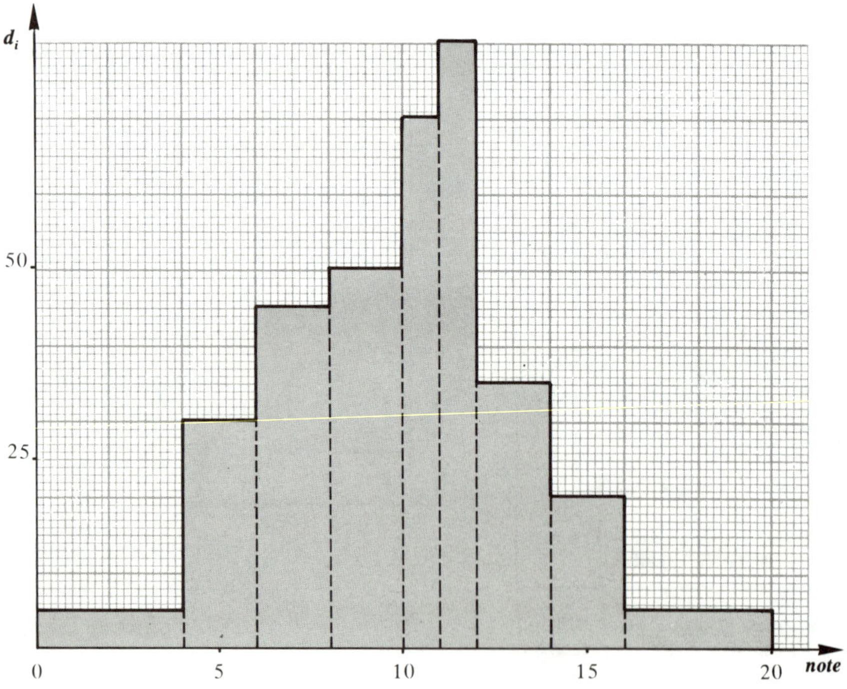

9. On considère une population de 1 000 individus répartis en fonction de leur âge :

AGE	[0; 10[	[10; 15[	[15; 20[	[20; 30[	[30; 40[	[40; 60[	[60; 80[
NOMBRE	120	100	140	200	180	160	100

1° Construire un histogramme représentant cette population.
2° Tracer le polygone des fréquences.

Réponse :

Les classes d'âge n'étant pas d'amplitudes égales, il faut calculer l'amplitude de chaque classe ainsi que la densité associée.

AGE	[0; 10[	[10; 15[	[15; 20[	[20; 30[	[30; 40[	[40; 60[	[60; 80[
n_i	120	100	140	200	180	160	100
a_i	10	5	5	10	10	20	20
d_i	12	20	28	20	18	8	5

Remarque : Pour que la surface située sous le polygone des fréquences soit égale à celle de l'histogramme, on a subdivisé les classes initiales en classes d'amplitude 5 (P.G.C.D. des a_i), et joint les milieux des segments supérieurs des rectangles ainsi obtenus.

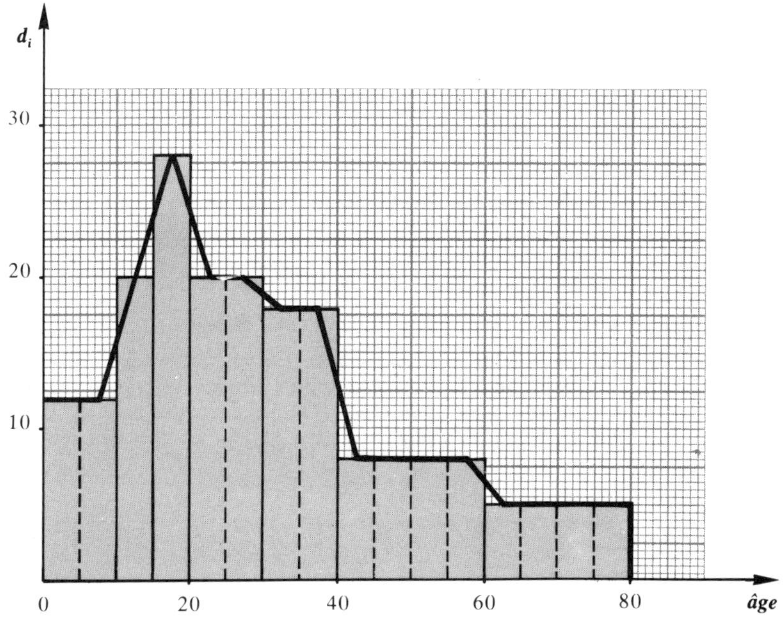

10. La répartition des employés d'une entreprise en fonction de la prime de fin d'année est la suivante :

PRIME EN F	NOMBRE D'EMPLOYÉS
[0; 1 000[	18
[1 000; 2 000[	44
[2 000; 3 000[	112
[3 000; 3 500[	120
[3 500; 4 000[	138
[4 000; 4 500[	164
[4 500; 5 000[	106
[5 000; 6 000[	98
[6 000; 7 000[	52
[7 000; 8 000[	8

1° Calculer les fréquences.
2° Calculer les fréquences cumulées.
3° Tracer la courbe des fréquences cumulées.

Réponses :

1° Pour calculer les fréquences il faut calculer l'effectif total :

$$n = \sum_i n_i = 860 \quad \text{et} \quad f_i = \frac{n_i}{n}$$

PRIME EN F	n_i	f_i en %	F_i en %
[0; 1 000[	18	2,1	2,1
[1 000; 2 000[	44	5,1	7,2
[2 000; 3 000[	112	13,0	20,2
[3 000; 3 500[	120	14,0	34,2
[3 500; 4 000[	138	16,0	50,2
[4 000; 4 500[	164	19,1	69,3
[4 500; 5 000[	106	12,3	81,6
[5 000; 6 000[	98	11,4	93,0
[6 000; 7 000[	52	6,0	99,0
[7 000; 8 000[	8	1,0	100,0
Total	**860**	**100,0**	

2° Les fréquences cumulées sont les F_i (voir tableau ci-dessus).

3° Pour tracer la courbe des fréquences cumulées, il faut tracer une courbe continue, car le caractère peut être considéré comme continu. Le cumul se fait pour chaque classe à la limite supérieure de la classe. On considère que la répartition des employés dans chaque classe est uniforme, ce qui revient à tracer des segments. *(Voir graphique page suivante.)*

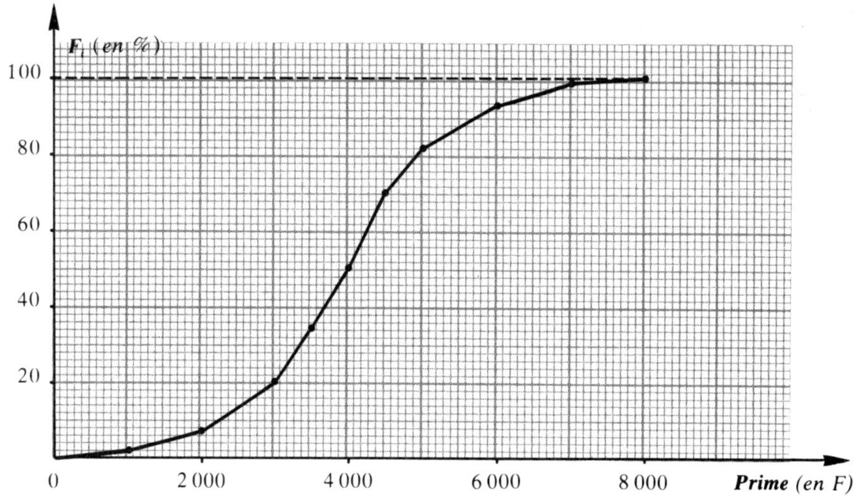

▪ DIAGRAMMES SPÉCIFIQUES

11. On considère cinq populations, notées *A*, *B*, *C*, *D*, *E*. On répartit les individus en fonction de leur préférence en matière de spectacle. On obtient :

	CINÉMA	THÉÂTRE	CONCERT
A	140	110	80
B	290	210	220
C	70	80	60
D	430	250	130
E	160	220	200

Représenter sur un même diagramme triangulaire ces cinq populations.

Réponse :

Pour représenter ces différentes populations sur un diagramme triangulaire, il faut calculer pour chaque population le pourcentage d'individus allant dans chaque spectacle.

	CINÉMA	THÉÂTRE	CONCERT
A	43 %	33 %	24 %
B	40 %	29 %	31 %
C	***33*** %	38 %	29 %
D	53 %	31 %	16 %
E	28 %	38 %	34 %

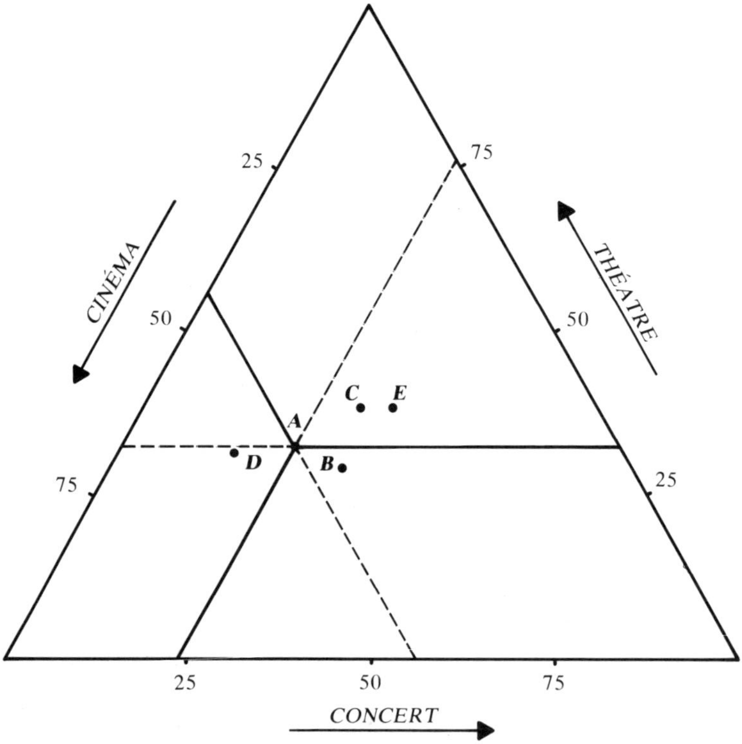

12. La production des gisements pétroliers sous-marins, par région est la suivante (en millions de tonnes) :

RÉGION	*1960*	*1970*	*1975*	*1981*
Amérique du Nord	13,3	82,5	68	53
Amérique latine	81,3	134	99	121
Afrique	–	36,2	54	71
Moyen-Orient	9	87,9	162	237
Extrême-Orient	0,1	10,9	43	74
Europe	0,5	1,4	13	118
Pays à économie planifiée	7	13	11	10

(Source : Cahiers Français, 1982)

1° Calculer pour ces quatre années la production totale de pétrole « off shore ».
2° Donner une représentation graphique de ce phénomène.
3° La production totale de pétrole était :

– en 1960 : 1 052 millions de tonnes
– en 1970 : 2 336 millions de tonnes
– en 1975 : 2 715 millions de tonnes
– en 1981 : 2 852 millions de tonnes

Calculer la part du pétrole « off shore », en pourcentage.
4° Donner une représentation graphique montrant l'évolution du pétrole « off shore » par rapport à la production totale mondiale.

13. Le tableau suivant donne, pour chaque pays de la C.E.E., la population en 1991 et la superficie en km^2.

	POPULATION (en milliers)	SUPERFICIE (en km^2)
Belgique	9 908	30 513
Danemark	5 140	43 070
Espagne	39 812	504 750
France	56 330	547 026
Grande-Bretagne	57 256	244 820
Grèce	10 101	131 944
Irlande	3 564	70 282
Italie	57 788	301 230
Luxembourg	366	2 586
Pays-Bas	14 938	41 500
Portugal	10 607	92 082
R.F.A.	60 977	248 580

1° Calculer la population totale de la C.E.E. en 1991.
2° Donner une représentation graphique du nombre d'habitants.
3° Donner une représentation graphique des superficies.
4° Calculer la densité (nombre d'habitants par km^2) pour chacun des pays, et les classer par densité décroissante.
5° Donner une représentation graphique des densités.

14. Le tableau suivant donne les résultats d'une enquête sur le poids (en kg) des individus d'une population :

48	72	54	80	58	70	69	58	57	60
85	94	78	81	64	49	54	57	57	62
63	69	72	71	82	87	64	65	73	58
61	67	49	52	60	66	69	89	84	82
73	70	72	58	64	51	65	77	79	80
59	57	81	78	76	79	68	67	53	59

1° Classer ces résultats par classes d'amplitude 5 : [45; 50[, ...
2° Calculer les fréquences et les fréquences cumulées.
3° Construire l'histogramme et le polygone des fréquences.
4° Construire la courbe des fréquences cumulées croissantes.
5° Déterminer graphiquement la proportion d'individus pesant moins de 75 kg.
6° Comparer ce résultat avec la valeur calculée (question **2**).

PROBLÈMES (solutions)

12. 1° La production totale de pétrole off shore était la suivante :

	1960	*1970*	*1975*	*1981*
Production totale off shore	111,2	365,9	450	684
Production totale mondiale	1 052	2 336	2 715	2 852
Part du pétrole off shore	11 %	16 %	17 %	24 %

2° La figure souligne l'augmentation importante de production entre 1960 et 1981, surtout au Moyen-Orient et en Europe.

Production de pétrole offshore.

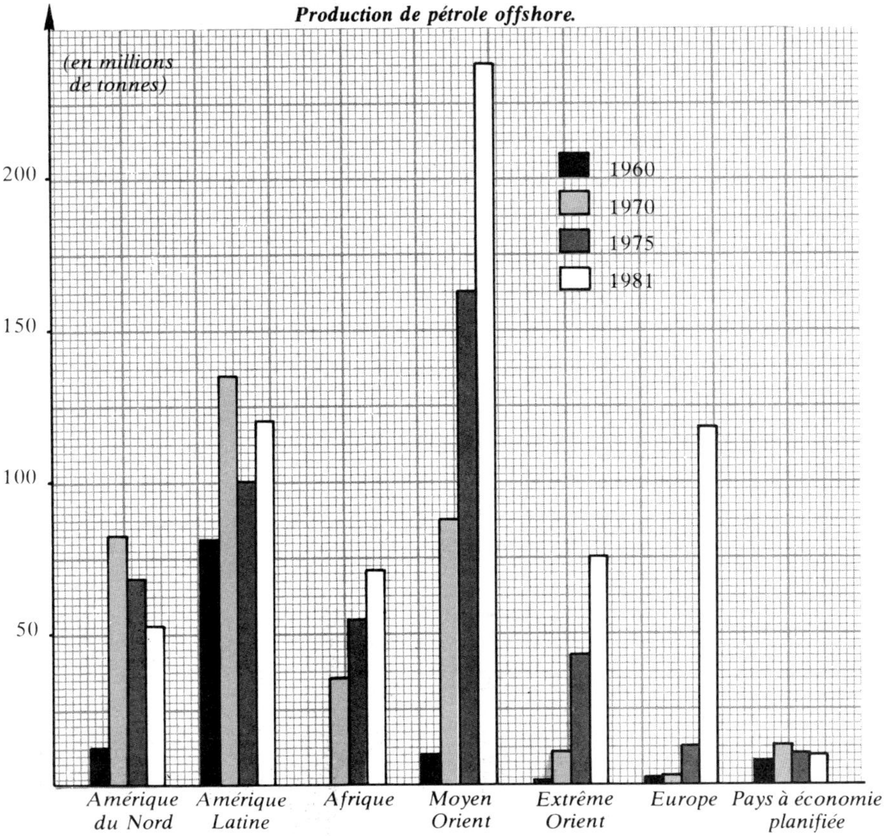

3° Le tableau ci-dessus montre que la part du pétrole off shore est passée de 11 % en 1960 à 24 % en 1981.

4° La surface de chaque diagramme à secteur est proportionnelle à la production totale mondiale, la part du pétrole off shore étant représentée par un secteur circulaire de plus en plus grand. Pour que la surface du diagramme $\left(S = \dfrac{\pi R^2}{2}\right)$ soit proportionnelle à la production totale, il faut donc que le rayon soit proportionnel à la racine carrée de la production totale. L'angle au centre associé à chaque secteur est calculé en utilisant la proportion du pétrole off shore : par exemple, en 1960, la part du pétrole off shore correspond à 11 %; donc l'angle du secteur circulaire est égal à 11 % de 180 degrés, c'est-à-dire à environ 20 degrés.

Part du pétrole off shore dans la production mondiale.

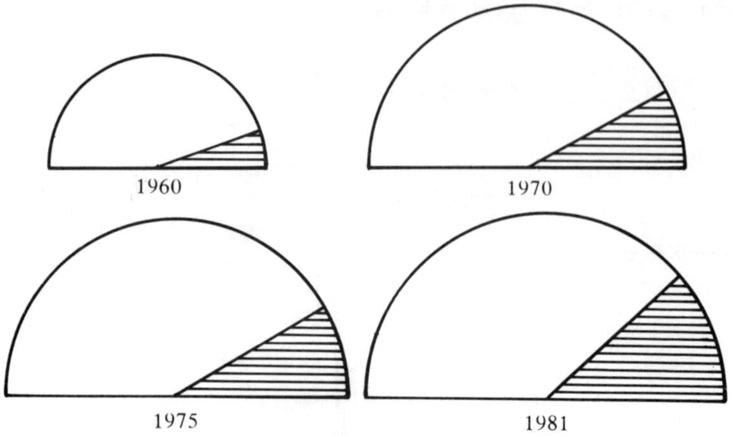

13. **1°** La population totale de la C.E.E. en 1991 est de 326,787 millions d'habitants.
2° La représentation graphique choisie est le diagramme à bandes, pour mettre en évidence une comparaison des effectifs.

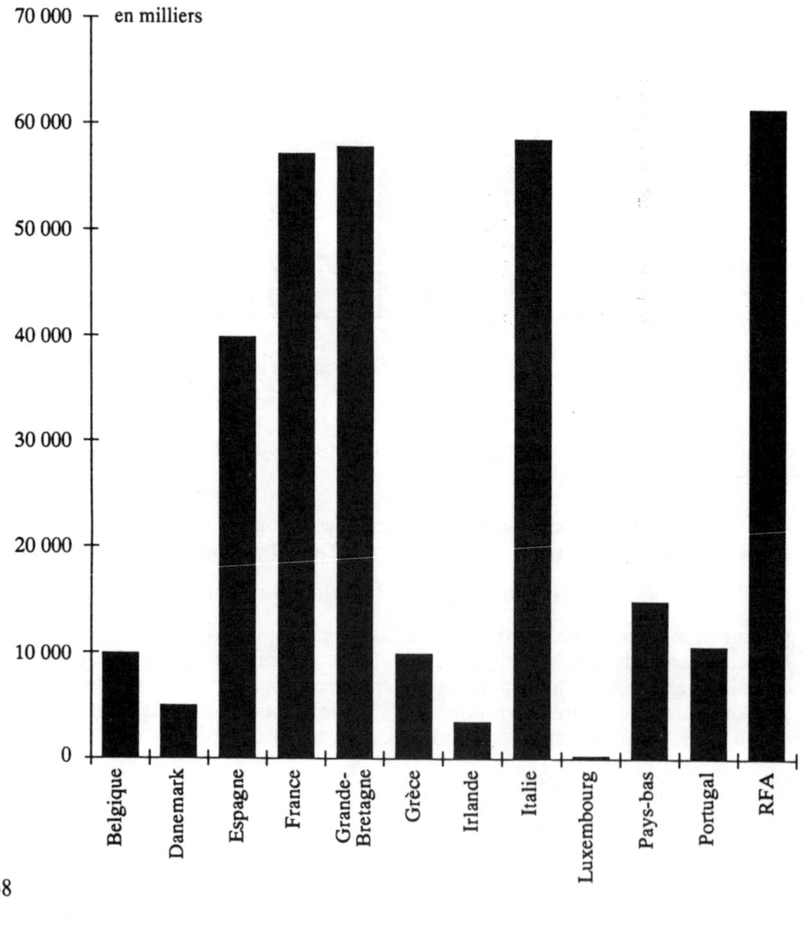

3° Le diagramme à secteurs est très souvent utilisé pour la représentation graphique de surfaces. En effet, chaque secteur a une surface proportionnelle à l'effectif.

Pour calculer l'angle au centre associé à chaque secteur, nous allons déterminer le pourcentage de superficie associé à chaque pays de la C.E.E. Nous obtenons le tableau suivant :

		SUPERFICIE (en km²)	POURCENTAGE en superficie	ANGLE (en °)
1	Belgique	30 513	1,35 %	5
2	Danemark	43 070	1,91 %	7
3	Espagne	504 750	22,35 %	80
4	France	547 026	24,22 %	87
5	Grande-Bretagne	244 820	10,84 %	39
6	Grèce	131 944	5,84 %	21
7	Irlande	70 282	3,11 %	11
8	Italie	301 230	13,34 %	48
9	Luxembourg	2 586	0,11 %	0
10	Pays-Bas	41 500	1,84 %	7
11	Portugal	92 082	4,08 %	15
12	R.F.A.	248 580	11,01 %	40
	Total	**2 258 383**	**100,00 %**	**360**

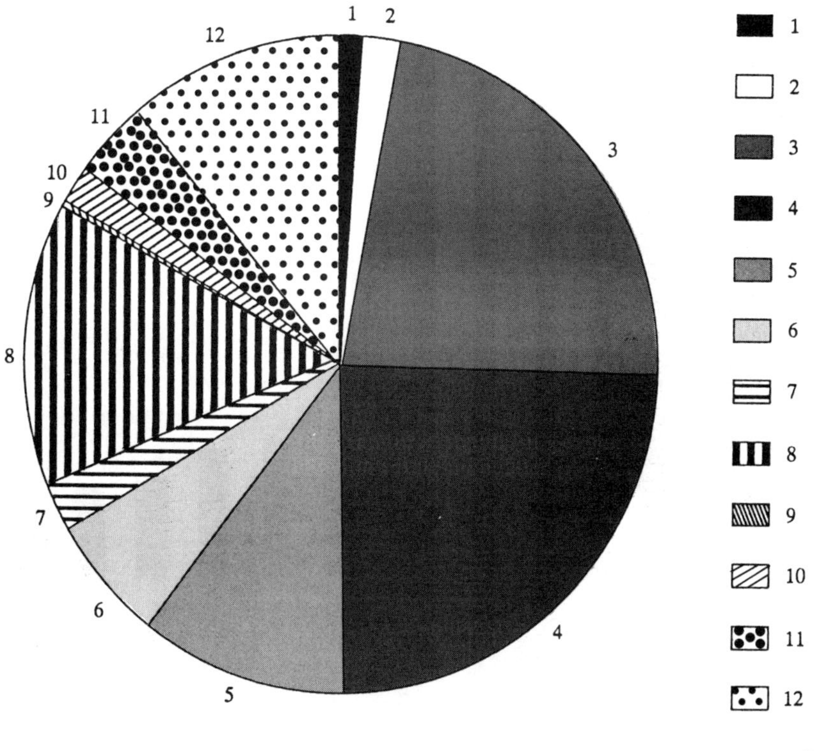

4° La densité est égale au quotient du nombre d'habitants par la superficie.

	POPULATION (en milliers)	SUPERFICIE en km²)	DENSITÉ
Pays-Bas	14 938	41 500	360
Belgique	9 908	30 513	325
R.F.A	60 977	248 580	245
Grande-Bretagne	57 256	244 820	234
Italie	57 788	301 230	192
Luxembourg	366	2 586	142
Danemark	5 140	43 070	119
Portugal	10 607	92 082	115
France	56 330	547 026	103
Espagne	39 812	504 750	79
Grèce	10 101	131 944	77
Irlande	3 564	70 282	51
Total	**326 787**	**2 258 383**	

5° Pour représenter les densités, on peut utiliser un diagramme à bandes.

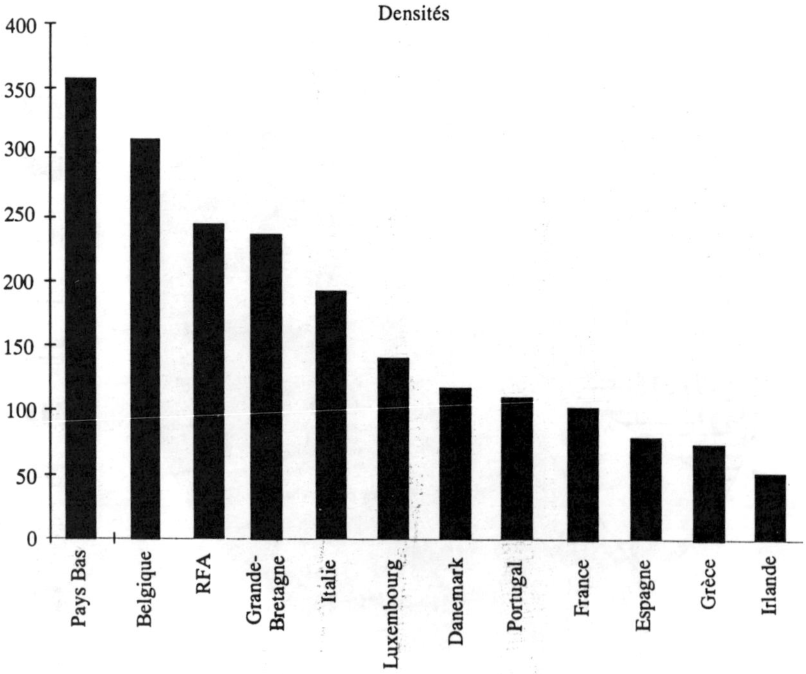

14. 1° Dépouillement et présentation en tableau :

CLASSES	POINTAGE	EFFECTIFS	FRÉQUENCES	FRÉQUENCES CUMULÉES
[45; 50[	III	3	0,050	0,050
[50; 55[	𝍸	5	0,083	0,133
[55; 60[	𝍸𝍸	10	0,167	0,300
[60; 65[	𝍸 III	8	0,133	0,433
[65; 70[	𝍸 IIII	9	0,150	0,583
[70; 75[	𝍸 III	8	0,133	0,716
[75; 80[	𝍸 I	6	0,100	0,816
[80; 85[	𝍸 II	7	0,117	0,933
[85; 90[	III	3	0,050	0,983
[90; 95[	I	1	0,017	1,000
Total		**60**	**1,000**	

2° Les fréquences sont obtenues en divisant les effectifs par l'effectif total ($n = 60$) : $f_i = \boldsymbol{n_i/60}$ (voir tableau).

Les fréquences cumulées sont égales à : $\boldsymbol{F_i} = \sum_{j=1}^{i} \boldsymbol{f_j}$ (voir tableau).

3° Histogramme et polygone des fréquences

Toutes les classes sont d'amplitudes égales; il est donc inutile de calculer les densités qui sont ici proportionnelles aux effectifs.
Le polygone des fréquences a la même surface que l'histogramme.

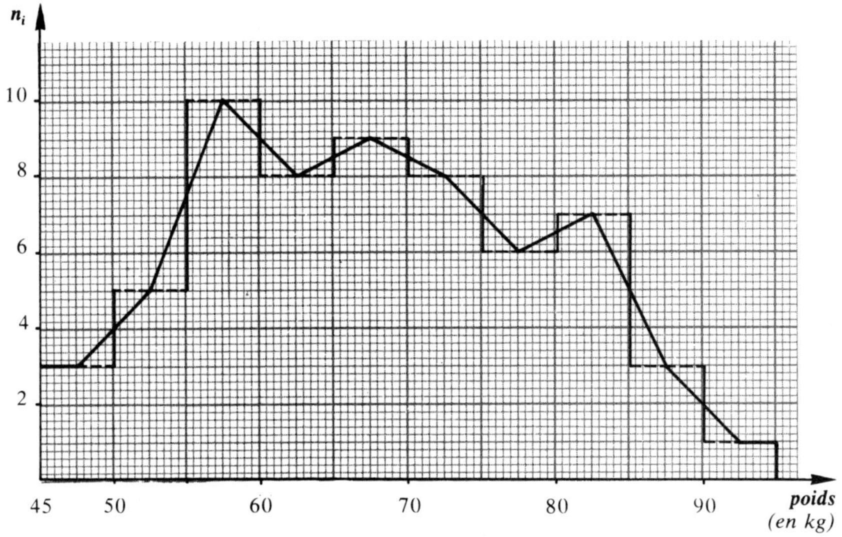

4° Courbe des fréquences cumulées

Le caractère étant considéré comme continu, la courbe des fréquences cumulées est continue.

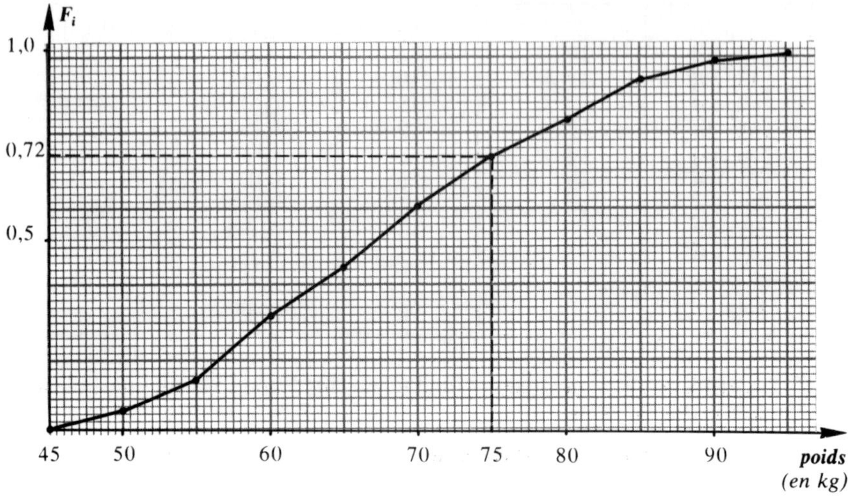

5° Graphiquement, on peut considérer que 72 % des individus pèsent moins de 75 kg.

6° Le calcul a permis d'établir que 71,6 % des individus pèsent moins de 75 kg. Cette valeur est très proche de la valeur graphique.

PARAMÈTRES DE POSITION

3

- MOYENNES
- QUANTILES
- MODES

Les paramètres de position (ou valeurs centrales) sont des valeurs numériques qui « résument » une série statistique en caractérisant l'ordre de grandeur des observations. Ils s'expriment **dans la même unité** que les observations.

■ LES MOYENNES

• *La moyenne arithmétique*

— La moyenne arithmétique d'une série statistique $\{x_i\}_{i=1...n}$ est égale à la somme des valeurs observées, divisée par le nombre d'observations. On la note généralement $\bar{x}$. Ainsi :

$$\boxed{\bar{x} = \frac{1}{n} \sum_{i=1}^{n} x_i}$$

Dans le cas d'un tableau de distribution, on a :

$$\bar{x} = \frac{\sum_{i=1}^{p} n_i x_i}{\sum_{i=1}^{p} n_i} = \sum_{i=1}^{p} f_i x_i$$

où $x_1, ..., x_p$ sont les valeurs observées (ou les centres des classes si la distribution est groupée);
$n_1, ..., n_p$ les effectifs correspondants; et
$f_1, ..., f_p$ les fréquences correspondantes (cf. chap. **1**).

— Soit $\{x_i\}_{i \in I}$ une série statistique et $\{y_i\}_{i \in I}$ la série définie par :
$\forall i \in I$, $y_i = ax_i + b$, où a et b sont deux réels quelconques.
Alors : $\bar{y} = a\bar{x} + b$.

Remarque : La multiplication par a correspond à un changement d'échelle (d'unité) et l'addition de b à un changment d'origine. Cette propriété permet de simplifier le calcul de la moyenne arithmétique.

— Soit r séries statistiques de même nature :

$\{x_{1i}\}$ d'effectif total n_1 et de moyenne $\bar{x}_1$

. . . .

$\{x_{ri}\}$ d'effectif total n_r et de moyenne $\bar{x}_r$

Alors, la moyenne arithmétique des r séries est la moyenne arithmétique des moyennes arithmétiques de chacune des séries, *pondérées* par leurs effectifs respectifs :

$$\bar{x} = \frac{\sum_{i=1}^{r} n_i \bar{x}_i}{\sum_{i=1}^{r} n_i}$$

- ***La moyenne géométrique***

— La moyenne géométrique d'une série statistique **positive** $\{x_i\}_{i=1...n}$ est la racine $n^{\text{ième}}$ du produit des valeurs observées. On la note généralement G. Ainsi :

$$G = \sqrt[n]{x_1 \times ... \times x_n} = \left[\prod_{i=1}^{n} x_i\right]^{\frac{1}{n}}$$

Dans le cas d'un tableau de distribution, on a :

$$G = \left[\prod_{i=1}^{p} x_i^{n_i}\right]^{\frac{1}{\sum_{i=1}^{p} n_i}} = \prod_{i=1}^{p} x_i^{f_i}$$

Le calcul de G peut s'effectuer grâce à la relation :

$$\ln G = \frac{\sum_{i=1}^{p} n_i \ln x_i}{\sum_{i=1}^{p} n_i}, \quad \forall i = 1 ... p \quad \text{si} \quad x_i > 0$$

— Soit $\{x_i\}_{i \in I}$ et $\{y_i\}_{i \in I}$ deux séries statistiques positives de même nature; $\{z_i\}_{i \in I}$ et $\{t_i\}_{i \in I}$ les séries définies par :

$$\forall i \in I, \quad z_i = x_i y_i \quad \text{et} \quad t_i = \frac{x_i}{y_i} \quad (y_i \neq 0)$$

Alors : $G_z = G_x G_y$ et $G_t = \dfrac{G_x}{G_y}$

- ***La moyenne harmonique***

La moyenne harmonique d'une série statistique **strictement positive** $\{x_i\}_{i=1...n}$ est égale à l'inverse de la moyenne arithmétique des inverses des valeurs observées. On la note généralement H. Ainsi :

$$H = \frac{1}{\frac{1}{n}\sum_{i=1}^{n}\frac{1}{x_i}} = \frac{n}{\sum_{i=1}^{n}\frac{1}{x_i}}$$

Dans le cas d'un tableau de distribution, on a :

$$H = \frac{\sum_{i=1}^{p} n_i}{\sum_{i=1}^{p} \frac{n_i}{x_i}} = \frac{1}{\sum_{i=1}^{p} \frac{f_i}{x_i}}$$

- ***La moyenne quadratique***

La moyenne quadratique d'une série statistique **positive** $\{x_i\}_{i=1...n}$ est la racine carrée de la moyenne arithmétique des carrés des valeurs observées. On la note généralement Q. Ainsi :

$$\boxed{Q = \sqrt{\frac{1}{n} \sum_{i=1}^{n} x_i^2}}$$

Dans le cas d'un tableau de distribution, on a

$$Q = \left[\frac{\sum_{i=1}^{p} n_i x_i^2}{\sum_{i=1}^{p} n_i}\right]^{\frac{1}{2}} = \left[\sum_{i=1}^{p} f_i x_i^2\right]^{\frac{1}{2}}$$

Remarque :
Soit une série statistique pour laquelle les quatre moyennes définies ci-dessus existent; on a alors :

$$H \leqslant G < \bar{x} \leqslant Q$$

▪ LES QUANTILES

- ***Définitions***

– On appelle **quantile d'ordre α %**, et on note Q_α, la valeur x_i du caractère telle que α % des valeurs observées soient inférieures strictement à x_i.
Si F désigne la fonction « fréquences cumulées croissantes » (cf. chap. **1**), alors :

$$F(Q_\alpha) = \alpha/100$$

– La **médiane,** notée *Me*, est le quantile d'ordre 50 %. Elle partage la série des valeurs observées en deux séries de même taille.

– Les trois **quartiles** partagent la série en 4 séries de même taille :
25 % des observations sont inférieures au 1er quartile Q_{25};
50 % des observations sont inférieures au 2ème quartile Q_{50};
75 % des observations sont inférieures au 3ème quartile Q_{75}.

– Les 9 **déciles** et les 99 **centiles** partagent la série respectivement en 10 et 100 séries de même taille.

- ***Détermination d'un quantile d'ordre α % (0 < α < 100)***

– **Cas discret**

La fonction de répartition est une fonction discontinue en escalier. La courbe cumulative est donc constituée de paliers horizontaux. Deux cas doivent être distingués :

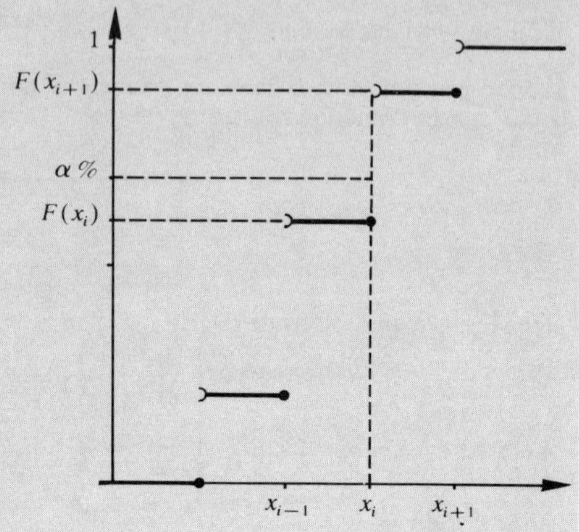

1° Aucun palier horizontal n'a pour ordonnée la valeur α %. On convient alors de considérer comme quantile d'ordre α %, la valeur observée x_i telle que l'on ait :

$$F(x_i) < \alpha\ \% < F(x_{i+1})$$

On a : $\boldsymbol{Q_\alpha = x_i}$

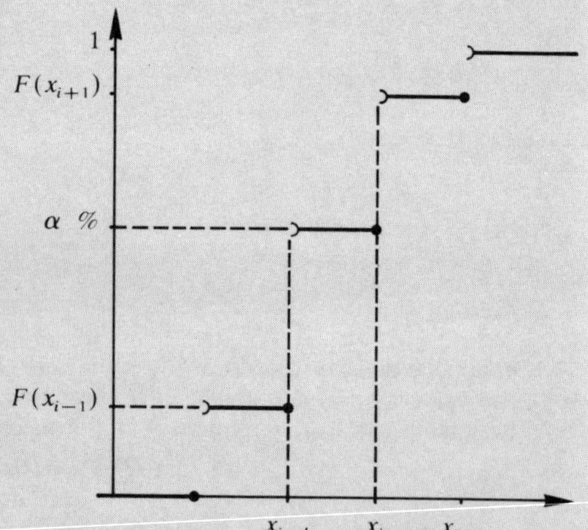

2° Un palier horizontal a pour ordonnée la valeur α %, c'est-à-dire, il existe une valeur observée x_i telle que :

$$\forall x \in]x_{i-1}\,;\, x_i],\quad F(x) = \alpha\ \%$$

On convient alors de considérer comme quantile d'ordre α %, la valeur x_i.
On a : $\boldsymbol{Q_\alpha = x_i}$

Remarque : Détermination d'un quantile d'une série de données ponctuelles

On suppose que les données ponctuelles sont classées en ordre croissant.
Calculer le quantile d'ordre 50 %, par exemple, revient à déterminer la valeur du caractère x_i telle que 50 % des valeurs observées soient strictement inférieures à x_i.

Si le nombre des observations est impair, on a $n = 2p + 1$. On convient de considérer comme quantile d'ordre 50 %, la $(p + 1)^{\text{ième}}$ valeur de la série des valeurs observées.

Si le nombre des observations est pair, on a $n = 2p$. Deux cas sont alors possibles :
– La $p^{ième}$ et la $(p+1)^{ième}$ valeur de la série sont égales; on conviendra de considérer, comme quantile d'ordre 50 %, cette valeur.
– La $p^{ième}$ et la $(p+1)^{ième}$ valeur de la série sont différentes; on prend, comme quantile d'ordre 50 %, la $(p+1)^{ième}$ valeur de la série

On peut procéder de la même manière pour les autres quantiles.

– **Cas continu**

Pour calculer le quantile d'ordre α %, il faut déterminer la classe dans laquelle les fréquences cumulées croissantes atteignent α %.

Soit $[a, b[$ cette classe; on note :

a : limite inférieure de la classe
b : limite supérieure de la classe
$F(a)$: fréquence cumulée croissante (en pourcentage) au point a
$F(b)$: fréquence cumulée croissante (en pourcentage) au point b

On prend, comme hypothèse, l'équirépartition des valeurs observées dans chaque classe, ce qui permet de calculer Q_α par interpolation linéaire :

$$\frac{Q_\alpha - a}{b - a} = \frac{\alpha - F(a)}{F(b) - F(a)}$$

ou encore :

$$Q_\alpha = a + (b - a) \times \frac{\alpha - F(a)}{F(b) - F(a)}$$

La valeur du quantile d'ordre α % peut être déterminée graphiquement à l'aide de la courbe des fréquences cumulées croissantes.

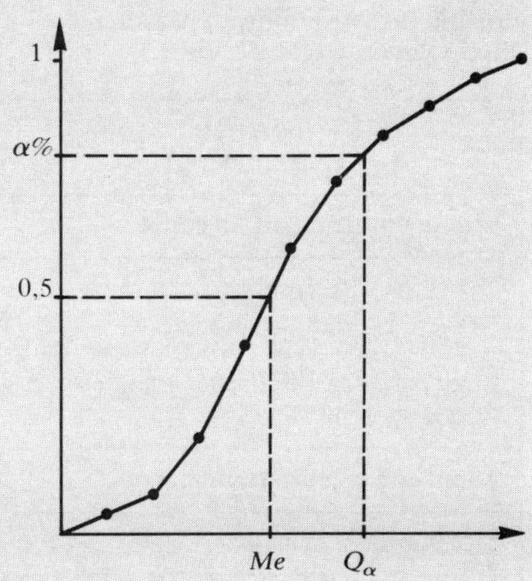

■ **LE MODE**

• ***Définitions***

– On appelle **mode(s)** d'une distribution statistique non groupée la (les) valeur(s) observée(s) d'effectif maximum. On le note généralement ***Mo***.

– Pour une distribution groupée dont les classes sont d'*égales amplitudes*, on appelle **classe(s) modale(s)** la (les) classes(s) d'effectif maximum.
Attention! si les classes sont d'amplitudes inégales, une classe d'effectif maximum n'est pas forcément classe modale (cf. détermination graphique).

– Une série possédant plusieurs modes est dite **plurimodale.**

• ***Détermination***

– *Caractère quantitatif discret :* classer les données. Celle(s) d'effectif maximum donne(nt) le(s) mode(s). Graphiquement, le(s) mode(s) correspond(ent) au(x) bâton(s) le(s) plus long(s).

– *Caractère quantitatif avec regroupement en classes :* tracer l'histogramme (attention aux classes d'amplitudes inégales!). La (les) classe(s) modale(s) correspond(ent) au(x) rectangle(s) le(s) plus haut(s).

• ***Comparaison $\bar{x}$, Me, Mo***

La moyenne est le paramètre le plus utilisé. Le calcul de la moyenne est basé sur l'ensemble des valeurs x_i; de ce fait, celle-ci est influencée par les valeurs extrêmes contrairement à la médiane, paramètre calculé en fonction de sa position dans la série. Le mode est très facile à calculer, mais c'est le paramètre le plus sensible lors du regroupement des observations. Deux regroupements différents peuvent conduire à deux modes distincts.
Lorsque la distribution est parfaitement symétrique, les trois paramètres $\bar{x}$, *Me*, *Mo* sont alors égaux.

QUALITÉS (YULE & KENDALL)	MODE	MÉDIANE	MOYENNE ARITHMÉTIQUE
Être défini de façon objective	oui	oui	oui
Dépendre du nombre de termes de la série	non	oui	oui
Être peu sensible à la grandeur des termes extrêmes	oui	oui	non
Avoir une signification concrète	oui	oui	oui
Être simple à calculer	oui	oui	oui et non
Être peu sensible aux fluctuations d'échantillonnage	assez	non	oui
Se prêter aux calculs algébriques	non	non	oui

EXERCICES

■ MOYENNES

1. Chacune des huit épreuves d'un test étant notée sur 10, un candidat a obtenu les notes suivantes :

3 5 8 10 7 1 9 9

Calculer la note moyenne de ce candidat.

Réponse :

La note moyenne correspond à la moyenne arithmétique.
Chaque note ayant un coefficient de 1, on peut écrire :

$$\bar{x} = \frac{\Sigma x_i}{8} = \frac{3 + 5 + 8 + 10 + 7 + 1 + 9 + 9}{8} = \frac{52}{8} = 6{,}5$$

La note moyenne est donc 6,5.

2. On considère 5 plaques métalliques carrées, dont les côtés mesurent respectivement : 5 cm, 6 cm, 9 cm, 10 cm et 12,5 cm.
a) Quelle est l'aire moyenne de ces plaques?
b) Quel est le côté de la plaque moyenne correspondante?
c) Que représente ce côté par rapport aux 5 côtés des plaques?

Réponses :

a) Les aires des plaques sont respectivement :

25 cm^2, 36 cm^2, 81 cm^2, 100 cm^2 et $156{,}25 \text{ cm}^2$

L'aire moyenne est donc :

$$A_m = \frac{1}{5}(25 + 36 + 81 + 100 + 156{,}25) = 79{,}65 \text{ cm}^2$$

b) Le côté « moyen » serait donc : $c = \sqrt{79{,}65} \approx 8{,}92$ cm

c) La moyenne quadratique des côtés est :

$$Q = \sqrt{\frac{1}{5}(5^2 + 6^2 + 9^2 + 10^2 + 12{,}5^2)} = \sqrt{79{,}65} = c$$

3. Calculer la moyenne géométrique de la série suivante :

1, 2, 4, 8, 16, 32, 64

Réponse : $G = (1 \times 2 \times 4 \times 8 \times 16 \times 32 \times 64)^{1/7}$
Dans la parenthèse, figure le produit des premiers termes d'une suite géométrique de raison 2. On obtient donc :

$$G = (1 \times 2 \times 2^2 \times 2^3 \times 2^4 \times 2^5 \times 2^6)^{1/7}$$
$$G = (2^{1+2+3+4+5+6})^{1/7} = (2^{21})^{1/7} = 2^3 = 8$$

Remarque : En utilisant la touche y^x d'une calculatrice, on peut obtenir directement $G = 8$.

4. Les bénéfices d'une entreprise ont augmenté :
de 5 % par an, pendant les 2 premières années;
de 9 % par an, pendant les 5 années suivantes;
de 12 % par an, pendant les 3 années suivantes.
Quelle est l'augmentation moyenne sur les 10 ans?

Réponse :
Soit B_0 le bénéfice réalisé par l'entreprise l'année précédant la période écoulée ($B_0 \neq 0$). Le bénéfice était :

$$\begin{array}{ll} \text{1 an plus tard :} & B_1 = B_0 \times 1{,}05 \\ \text{2 ans plus tard :} & B_2 = B_1 \times 1{,}05 = B_0 \times (1{,}05)^2 \\ \text{3 ans plus tard :} & B_3 = B_2 \times 1{,}09 = B_0 \times (1{,}05)^2 \times (1{,}09) \\ \ldots\ldots & \ldots\ldots \\ \text{10 ans plus tard :} & B_{10} = B_0 \times (1{,}05)^2 \times (1{,}09)^5 \times (1{,}12)^3 \end{array}$$

Soit a l'augmentation annuelle moyenne sur les 10 ans. On doit avoir :

$$B_{10} = B_0 \times (1 + a)^{10}$$

$$(1 + a)^{10} = (1{,}05)^2 \times (1{,}09)^5 \times (1{,}12)^3$$

$$1 + a = [(1{,}05)^2 \times (1{,}09)^5 \times (1{,}12)^3]^{1/10}$$ (moyenne géométrique pondérée des augmentations)

$$\ln(1 + a) = \frac{1}{10}[2 \ln 1{,}05 + 5 \ln 1{,}09 + 3 \ln 1{,}12]$$

$$\ln(1 + a) \approx 0{,}0868 \Longrightarrow 1 + a \approx e^{0{,}0868} \approx 1{,}09$$

Soit une augmentation moyenne de 9 % par an, pendant 10 ans.

5. Une entreprise consacre un budget fixe B, chaque trimestre, à une campagne d'affiches publicitaires.
Au 1er trimestre, le prix de l'affiche était de 35 F.
Au 2ème trimestre, le prix de l'affiche était de 38 F.
Au 3ème trimestre, le prix de l'affiche était de 40 F.
Au 4ème trimestre, le prix de l'affiche était de 44 F.
Calculer le prix moyen de l'affiche.

Réponse :

Le prix moyen de l'affiche n'est pas, dans ce cas, la moyenne arithmétique des nombres 35, 38, 40 et 44. En effet, ceci ne serait vrai que si le nombre d'affiches achetées était le même pour chaque trimestre, ce qui n'est pas possible à cause de l'évolution du prix de l'affiche.
Le nombre d'affiches achetées est successivement $B/35$, $B/38$, $B/40$, $B/44$. On a donc acheté $(B/35 + B/38 + B/40 + B/44)$ affiches pour un prix total de $4B$. Le prix moyen est donc :

$$m = \frac{4B}{\dfrac{B}{35} + \dfrac{B}{38} + \dfrac{B}{40} + \dfrac{B}{44}} = \frac{4}{\dfrac{1}{35} + \dfrac{1}{38} + \dfrac{1}{40} + \dfrac{1}{44}} \approx 38{,}98 \text{ F}$$

La moyenne m est la **moyenne harmonique** des prix trimestriels.

6. Soit la série statistique : 1, 2, 5, 7, 10, 13
Calculer les moyennes arithmétique, géométrique, harmonique, quadratique.

Réponses :

- $\bar{x} = \frac{1}{6}(1 + 2 + 5 + 7 + 10 + 13) = \frac{38}{6} \approx 6{,}33$

- $G = (1 \times 2 \times 5 \times 7 \times 10 \times 13)^{1/6} \approx 4{,}57$

ou

$$\ln G = \frac{1}{6}(\ln 1 + \ln 2 + \ln 5 + \ln 7 + \ln 10 + \ln 13)$$

$$= \frac{1}{6} \times 9{,}12 \approx 1{,}52 \Longrightarrow G \approx 4{,}57$$

- $H = \dfrac{6}{1 + \frac{1}{2} + \frac{1}{5} + \frac{1}{7} + \frac{1}{10} + \frac{1}{13}} \approx 2{,}97$

- $Q = \frac{1}{6}(1^2 + 2^2 + 5^2 + 7^2 + 10^2 + 13^2) = \sqrt{58} \approx 7{,}61$

- On vérifie : $H < G < \bar{x} < Q$

7. On considère la série statistique discrète suivante :

x_i	1	2	3	4	5	6
n_i	22	31	20	11	4	1

Calculer les moyennes arithmétique, géométrique, harmonique, quadratique de cette série.

Réponses :

- $\bar{x} = \dfrac{22 + (2 \times 31) + (3 \times 20) + (4 \times 11) + (5 \times 4) + 6}{89} = \dfrac{214}{89} \approx 2{,}40$

- $G = \sqrt[89]{1^{22} \times 2^{31} \times 3^{20} \times 4^{11} \times 5^4 \times 6}$

$$\ln G = \frac{1}{89}(22 \ln 1 + 31 \ln 2 + 20 \ln 3 + 11 \ln 4 + 4 \ln 5 + \ln 6)$$

$$\approx \frac{1}{89}(21{,}49 + 21{,}97 + 15{,}25 + 6{,}44 + 1{,}79) \approx \frac{66{,}94}{89} \approx 0{,}752$$

$$G \approx e^{0{,}752} \approx 2{,}12$$

- $H = \dfrac{89}{\frac{22}{1} + \frac{31}{2} + \frac{20}{3} + \frac{11}{4} + \frac{4}{5} + \frac{1}{6}} \approx \dfrac{89}{22 + 15{,}5 + 6{,}66 + 2{,}75 + 0{,}8 + 0{,}167}$

$$H \approx \frac{89}{47{,}883} \approx 1{,}86$$

- $Q^2 = \frac{1}{89}[(22 \times 1^2) + (31 \times 2^2) + (20 \times 3^2) + (11 \times 4^2) + (4 \times 5^2) + (1 \times 6^2)]$

  $= \frac{1}{89}(22 + 124 + 180 + 176 + 100 + 36) = \frac{638}{89} \approx 7{,}17$

  $Q \approx 2{,}68$
- On vérifie : $H < G < \bar{x} < Q$

▪ QUANTILES

8. Calculer la médiane de la série statistique suivante :

14 16 12 9 11 18 7 8 9 16 7 9 18

Réponse :

Il faut classer les données en ordre croissant :

$$\underbrace{7\ \ 7\ \ 8\ \ 9\ \ 9\ \ 9}_{6\ \text{éléments}}\ \ 11\ \ \underbrace{12\ \ 14\ \ 16\ \ 16\ \ 18\ \ 18}_{6\ \text{éléments}}$$

La médiane partage en deux séries de même taille donc :

$$Me = 11$$

9. Dans une bibliothèque, l'ensemble des abonnés a été réparti suivant le nombre d'ouvrages empruntés durant un mois :

x_i	0	1	2	3	4	5	6	7
n_i	18	39	57	64	42	33	21	14

Calculer la médiane de cette série.

Réponse :

x_i	n_i	f_i en %	F_i en %
0	18	6,25	0,00
1	39	13,54	6,25
2	57	19,79	19,79
3	64	22,22	39,58
4	42	14,58	61,80
5	33	11,46	76,38
6	21	7,29	87,84
7	14	4,87	95,13
Total	**288**	**100**	

Le caractère est discret.
On trouve : $F(3) < 50\ \% < F(4)$.
Dans cette situation, on a convenu (voir résumé de cours) de prendre pour valeur de la médiane $x_i = 3$.
On peut toutefois remarquer que 39,58 % des individus empruntent moins de 3 ouvrages et 38,20 % des individus empruntent plus de 3 ouvrages.

10. Le tableau suivant donne la répartition d'une population par tranches d'âge :

CLASSES	[0; 10[	[10; 20[	[20; 30[	[30; 40[	[40; 50[	[50; 60[	[60; 70[	[70; 80[
NOMBRE	18	44	68	54	42	36	16	10

Calculer les quartiles de cette série statistique.

Réponse :

CLASSES	n_i	f_i en %	F_i en %
[0; 10[	18	6,3	6,3
[10; 20[	44	15,3	21,6
[20; 30[	68	23,6	45,2
[30; 40[	54	18,7	63,9
[40; 50[	42	14,6	78,5
[50; 60[	36	12,5	91,0
[60; 70[	16	5,5	96,5
[70; 80[	10	3,5	100,0
Total	**288**	**100,0**	

– Le premier quartile est dans la classe [20; 30[, car les fréquences cumulées croissantes dépassent 25 %.

$$\frac{Q_{25} - 20}{30 - 20} = \frac{25 - 21{,}6}{45{,}2 - 21{,}6}$$

$$Q_{25} = 20 + 10\,\frac{25 - 21{,}6}{45{,}2 - 21{,}6} \approx 21{,}44$$

25 % de la population étudiée a un âge inférieur à 21,44 ans.

– De la même façon on peut calculer Q_{50} et Q_{75}.

$$Q_{50} = Me = 30 + 10\,\frac{50 - 45{,}2}{63{,}9 - 45{,}2} \approx 32{,}57$$

La médiane est égale à 32,57 ans.

$$Q_{75} = 40 + 10\,\frac{75 - 63{,}9}{78{,}5 - 63{,}9} = 47{,}60$$

Le troisième quartile est égal à 47,60 ans.

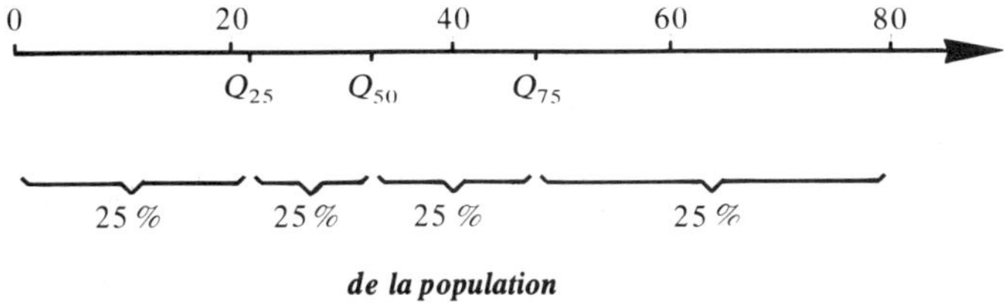

■ MODES

11. Le tableau suivant donne la répartition d'une population en fonction du nombre de visites de musées durant une année.

x_i	0	1	2	3	4	5	6
n_i	12	34	43	39	28	10	4

Calculer le mode de cette série.

Réponse :

Le mode de la série est la valeur du caractère correspondant à l'effectif le plus grand : le mode est donc égal à 2.

12. Une étude portant sur la durée de vie d'une centaine d'appareils électriques du même type a permis d'établir le tableau ci-contre.

Déterminer la classe modale.

DURÉE DE VIE (en heures)	NOMBRE D'APPAREILS
[0; 2000[	8
[2000; 4000[	26
[4000; 5000[	20
[5000; 6000[	22
[6000; 8000[	18
[8000; 10000[	6

Réponse :

Les classes ne sont pas d'amplitudes égales; la classe modale n'est donc pas nécessairement celle où l'effectif est le plus élevé. En effet, la classe [2000; 4000[dont l'effectif est 26 a une amplitude double de la classe [5000; 6000[dont l'effectif est 22.
La classe dont la densité est maximum, est la classe modale. La densité est calculée à l'aide des effectifs et de l'amplitude. On a :

$$d_i = \frac{n_i}{a_i}$$

On obtient alors le tableau suivant :

DURÉE DE VIE	n_i	a_i	d_i
[0; 2000[	8	2000	0,004
[2000; 4000[	26	2000	0,013
[4000; 5000[	20	1000	0,020
[5000; 6000[	22	1000	0,022
[6000; 8000[	18	2000	0,009
[8000; 10000[	6	2000	0,003

La classe modale est donc la classe [5000; 6000[.

Résolution graphique : La classe modale correspond à la classe représentée par le rectangle le plus haut.

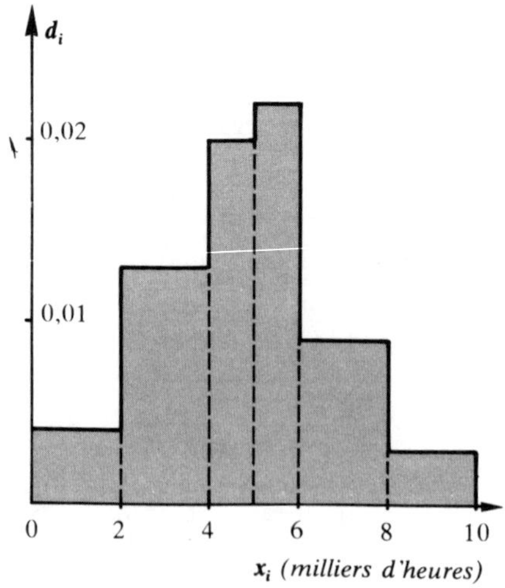

13. Le tableau suivant donne la répartition des ménages d'une ville en fonction du nombre d'enfants.

NOMBRE D'ENFANTS	0	1	2	3	4	5	6	7	8
NOMBRE DE MÉNAGES	286	380	416	258	112	62	47	12	7

1° Calculer la proportion des ménages ayant moins de quatre enfants.
2° Calculer le mode.
3° Calculer le nombre moyen d'enfants par ménage.

14. 1° La rémunération moyenne annuelle (brut imposable, toutes primes comprises) des employés d'une banque était en 1981 de 65 110 F. En fait, la rémunération moyenne des hommes était de 65 380 F et celle des femmes de 65 000 F. Quel est le pourcentage d'employés hommes, d'employées femmes dans cette banque en 1981?

2° Même question pour les cadres confirmés et supérieurs avec les chiffres :

hommes : 258 240 F
femmes : 210 650 F
ensemble : 250 145 F

Source : Banque de la Henin-Cogefimo

15. Lors d'un concours portant sur 5 épreuves écrites, les 10 candidats ont obtenu les notes suivantes :

Épreuve	***A***	***B***	***C***	***D***	***E***
Coefficient	***4***	***3***	***2***	***2***	***1***
Candidat 1	12	13	8	14	9
Candidat 2	7	15	9	13	11
Candidat 3	10	8	4	12	5
Candidat 4	16	14	10	9	9
Candidat 5	8	11	12	7	6
Candidat 6	13	17	14	16	9
Candidat 7	8	9	15	6	5
Candidat 8	7	6	12	10	10
Candidat 9	9	5	15	10	11
Candidat 10	12	14	16	13	8

1° Calculer la moyenne associée à chaque épreuve.
2° Calculer la note moyenne obtenue par chaque candidat.

16. On considère les 3 séries statistiques suivantes :

x_i	2	3	7	10
y_i	5	2	6	1
$z_i = x_i + y_i$	7	5	13	11

Pour chacune d'elles, calculer les moyennes harmonique, géométrique, arithmétique et quadratique.
Vérifier que : $\bar{z} = \bar{x} + \bar{y}$
Cette propriété est-elle vraie pour les autres moyennes?

17. Dans une entreprise, la répartition des individus par âge et par sexe est consignée dans le tableau suivant :

AGE (ans)	*H*	*F*
[20; 25[	29	38
[25; 30[	48	57
[30; 35[	36	42
[35; 40[	45	39
[40; 45[	49	41
[45; 50[	32	30
[50; 55[	37	18
[55; 60[	28	20

1° Calculer la moyenne d'âge par sexe.
2° Calculer la moyenne d'âge de la population totale.

13.

x_i	n_i	f_i (%)	$n_i x_i$
0	286	18,10	0
1	380	24,05	380
2	416	26,33	832
3	258	16,33	774
4	112	7,09	448
5	62	3,92	310
6	47	2,98	282
7	12	0,76	84
8	7	0,44	56
Total	**1 580**	**100**	**3 166**

1° La proportion des ménages ayant moins de 4 enfants est la somme des pourcentages associés aux valeurs du caractère 0, 1, 2, 3.

$$P = 18{,}10 + 24{,}05 + 26{,}33 + 16{,}33 = 84{,}81$$

La proportion de ménages ayant moins de 4 enfants est de 84,81 %.

2° Le caractère étant discret, la valeur du mode est la valeur du caractère dont l'effectif est le plus grand. Le mode est donc égal à 2.

3° Le nombre moyen d'enfants par ménage est égal à :

$$\bar{x} = \frac{\sum_{i}^{P} n_i x_i}{\sum_{i=1}^{P} n_i} = \frac{3\,166}{1\,580} \approx 2{,}00$$

Le nombre moyen d'enfants par ménage est 2 enfants.

14. **1°** Soit p la proportion d'hommes parmi les employés :

$$p \times 65\,380 + (1 - p) \times 65\,000 = 65\,110$$
$$p(65\,380 - 65\,000) = 65\,110 - 65\,000$$
$$380p = 110$$
$$p = 11/38 \approx 0{,}29, \text{ soit un pourcentage de } 29\ \%$$
$$q = 1 - p \approx 0{,}71, \text{ soit un pourcentage de } 71\ \%$$

Le pourcentage d'employés hommes est donc de 29 %, alors que le pourcentage d'employées femmes est de 71 %.

2° Soit p la proportion d'hommes parmi les cadres :

$$p \times 258\,240 + (1 - p) \times 210\,650 = 250\,145$$
$$p(258\,240 - 210\,650) = 250\,145 - 210\,650$$
$$p = 39\,495/47\,590 \approx 0{,}83, \text{ soit un pourcentage de } 83\ \%$$
$$q = 1 - p \approx 0{,}17, \quad \text{soit un pourcentage de } 17\ \%$$

Le pourcentage d'hommes parmi les cadres est de 83 %. Contrairement aux employés, l'encadrement est essentiellement masculin.

15. **1°** La note moyenne associée à chaque épreuve est la moyenne arithmétique des notes des 10 candidats :

$$\bar{a} = \frac{12+7+10+16+8+13+8+7+9+12}{10} = \frac{102}{10} = 10,2$$

De même, on obtient :

$$\bar{b} = \frac{112}{10} = 11,2 \qquad \bar{d} = \frac{110}{10} = 11$$

$$\bar{c} = \frac{115}{10} = 11,5 \qquad \bar{e} = \frac{83}{10} = 8,3$$

On peut constater des moyennes du même ordre pour les épreuves ***A, B, C, D***, alors que la moyenne associée à l'épreuve ***E*** est sensiblement plus faible.

2° Pour calculer la moyenne associée à chaque candidat, il faut alors, contrairement à la question précédente, prendre en compte les coefficients associés à chaque note qui jouent alors le rôle des n_i (on peut considérer qu'une note 12 qui a un coefficient 4 est équivalente à une note 12 obtenue 4 fois).

Candidat 1 :

NOTE x_i	COEFFICIENT n_i	$n_i x_i$
12	4	48
13	3	39
8	2	16
14	2	28
9	1	9
Total	**12**	**140**

La moyenne du candidat 1 est donc :

$$\bar{x}_1 = \frac{\sum_i n_i x_i}{\sum_i n_i} = \frac{140}{12} \approx 11,67$$

En reprenant les calculs pour chacun des candidats, on obtient :

$$\bar{x}_2 = \frac{128}{12} \approx 10,67 \qquad \bar{x}_7 = \frac{106}{12} \approx 8,83$$

$$\bar{x}_3 = \frac{101}{12} \approx 8,42 \qquad \bar{x}_8 = \frac{100}{12} \approx 8,33$$

$$\bar{x}_4 = \frac{153}{12} = 12,75 \qquad \bar{x}_9 = \frac{112}{12} \approx 9,33$$

$$\bar{x}_5 = \frac{109}{12} \approx 9,08 \qquad \bar{x}_{10} = \frac{156}{12} = 13$$

$$\bar{x}_6 = \frac{172}{12} \approx 14,33$$

16.

	x_i	$\frac{1}{x_i}$	$\ln x_i$	x_i^2
	2 3 7 10	0,5 0,33 0,14 0,1	0,69 1,10 1,95 2,30	4 9 49 100
Σ	22	1,07	6,04	162
$\Sigma/4$	5,5	0,267 5	1,51	40,5

D'où :

$$H_x \approx \frac{1}{0{,}267\,5} \approx 3{,}74$$

$$G_x \approx e^{1{,}51} \approx 4{,}53$$

$$\bar{x} = 5{,}5$$

$$Q_x = \sqrt{40{,}5} \approx 6{,}36$$

$$H_x < G_x < \bar{x} < Q_x$$

	y_i	$\frac{1}{y_i}$	$\ln y_i$	y_i^2
	5 2 6 1	0,2 0,5 0,17 1	1,61 0,69 1,79 0	25 4 36 1
Σ	14	1,87	4,09	66
$\Sigma/4$	3,5	0,467 5	1,022 5	16,5

D'où :

$$H_y \approx \frac{1}{0{,}467\,5} \approx 2{,}14$$

$$G_y \approx e^{1{,}0225} \approx 2{,}78$$

$$\bar{y} = 3{,}5$$

$$Q_y = \sqrt{16{,}5} \approx 4{,}06$$

$$H_y < G_y < \bar{y} < Q_y$$

	z_i	$\frac{1}{z_i}$	$\ln z_i$	z_i^2
	7 5 13 11	0,14 0,2 0,08 0,09	1,95 1,61 2,56 2,40	49 25 169 121
Σ	36	0,51	8,52	364
$\Sigma/4$	9	0,127 5	2,13	91

D'où :

$$H_z \approx \frac{1}{0{,}127\,5} \approx 7{,}84$$

$$G_z \approx e^{2{,}13} \approx 8{,}41$$

$$\bar{z} = 9$$

$$Q_z = \sqrt{91} \approx 9{,}54$$

$$H_z < G_z < \bar{z} < Q_z$$

On a bien : $\bar{z} = 9 = 5{,}5 + 3{,}5 = \bar{x} + \bar{y}$

Mais : $H_z \neq H_x + H_y$ $(3{,}74 + 2{,}14 = 5{,}88)$

$G_z \neq G_x + G_y$ $(4{,}53 + 2{,}78 = 7{,}31)$

$Q_z \neq Q_x + Q_y$ $(6{,}36 + 4{,}06 = 10{,}42)$

17. Première solution

Le caractère âge étant regroupé en classes, il faut calculer la moyenne en utilisant, comme valeur x_i, le centre de chaque classe d'âge.

CLASSE	x_i	n_{i1}	$n_{i1}x_i$	n_{i2}	$n_{i2}x_i$	n_i	n_ix_i
[20; 25[	22,5	29	652,5	38	855	67	1 507,5
[25; 30[	27,5	48	1 320	57	1 567,5	105	2 887,5
[30; 35[	32,5	36	1 170	42	1 365	78	2 535
[35; 40[	37,5	45	1 687,5	39	1 462,5	84	3 150
[40; 45[	42,5	49	2 082,5	41	1 742,5	90	3 825
[45; 50[	47,5	32	1 520	30	1 425	62	2 945
[50; 55[	52,5	37	1 942,5	18	945	55	2 887,5
[55; 60[	57,5	28	1 610	20	1 150	48	2 760
Total		**304**	**11 985**	**285**	**10 512,5**	**589**	**22 497,5**

Le tableau ci-dessus est découpé en trois parties : population masculine, population féminine, population totale :
les n_{i1} correspondent aux effectifs masculins;
les n_{i2} correspondent aux effectifs féminins;
les n_i correspondent aux effectifs totaux, par classe d'âge.

On obtient les moyennes suivantes :

– Moyenne d'âge pour les hommes :

$$\bar{x}_1 = \frac{\Sigma n_{i1} x_i}{\Sigma n_{i1}} = \frac{11\,985}{304} \approx 39{,}42 \text{ ans}$$

– Moyenne d'âge pour les femmes :

$$\bar{x}_2 = \frac{\Sigma n_{i2} x_i}{\Sigma n_{i2}} = \frac{10\,512{,}5}{285} \approx 36{,}89 \text{ ans}$$

– Moyenne d'âge de la population totale :

$$\bar{x} = \frac{22\,497{,}5}{589} \approx 38{,}20 \text{ ans}$$

Remarque : On pouvait calculer $\bar{x}$ en utilisant les résultats intermédiaires $\bar{x}_1$ et $\bar{x}_2$ et en pondérant par les effectifs par sexe (ce qui évite la partie droite du tableau) :

$$\bar{x} = \frac{\bar{x}_1 \Sigma n_{i1} + \bar{x}_2 \Sigma n_{i2}}{\Sigma n_{i1} + \Sigma n_{i2}}$$

$$= \frac{39{,}42 \times 304 + 36{,}89 \times 285}{304 + 285} \approx 38{,}20$$

Ou encore :

$$\bar{x} = \frac{\Sigma n_{i1} x_i + \Sigma n_{i2} x_i}{\Sigma n_{i1} + \Sigma n_{i2}} = \frac{11\,985 + 10\,512{,}5}{304 + 285} \approx 38{,}20$$

Deuxième solution

On peut utiliser une transformation qui permet de simplifier les calculs :

Posons : $y_i = \dfrac{x_i - 37{,}5}{5}$

On a : $\bar{y} = \dfrac{\bar{x} - 37{,}5}{5}$

D'où : $\bar{x} = 5\bar{y} + 37{,}5$

Le tableau devient alors :

AGE	x_i	y_i	n_{i1}	$n_{i1} y_i$	n_{i2}	$n_{i2} y_i$
[20; 25[	22,5	− 3	29	− 87	38	− 114
[25; 30[	27,5	− 2	48	− 96	57	− 114
[30; 35[	32,5	− 1	36	− 36	42	− 42
[35; 40[	37,5	0	45	0	39	0
[40; 45[	42,5	+ 1	49	49	41	41
[45; 50[	47,5	+ 2	32	64	30	60
[50; 55[	52,5	+ 3	37	111	18	54
[55; 60[	57,5	+ 4	28	112	20	80
Total			**304**	**+ 117**	**285**	**− 35**

On obtient alors :

$$\bar{y}_1 = \frac{\Sigma n_{i1} y_i}{\Sigma n_{i1}} = \frac{117}{304} \approx 0{,}3849$$

$$\bar{y}_2 = \frac{\Sigma n_{i2} y_i}{\Sigma n_{i2}} = \frac{-35}{285} \approx -0{,}1228$$

D'où la moyenne d'âge pour les hommes :

$\bar{x}_1 = 5\bar{y}_1 + 37{,}5 \approx 39{,}42$ ans

et la moyenne d'âge pour les femmes :

$\bar{x}_2 = 5\bar{y}_2 + 37{,}5 \approx 36{,}89$ ans

La moyenne d'âge de la population totale se calcule à partir de $\bar{x}_1$ et $\bar{x}_2$ (voir solution **1**).

4 PARAMÈTRES DE DISPERSION ET DE FORME

- MOMENTS
- VARIANCE ET ÉCART-TYPE
- COEFFICIENT DE VARIATION
- ÉCARTS ABSOLUS MOYENS
- ÉCARTS INTERQUANTILES
- PARAMÈTRES DE FORME
- BOÎTES À MOUSTACHES

Les paramètres de dispersion sont des nombres qui mesurent la dispersion des valeurs observées autour d'un paramètre de position ($\bar{x}$, Me, ...). Ils s'expriment dans la même unité que les observations et permettent de comparer des séries statistiques de même nature.
Les paramètres de forme sont des nombres sans dimension qui renseignent sur la forme des distributions statistiques (symétrie, aplatissement). Ils permettent de comparer des séries de natures différentes.

■ MOMENTS

• ***Moments d'ordre r***

On appelle moment d'ordre r ($r \in \mathbb{N}$) d'un caractère X le nombre :

$$\boldsymbol{m_r(X) = \frac{\sum_{i=1}^{p} n_i x_i^r}{\sum_{i=1}^{p} n_i} = \sum_{i=1}^{p} f_i x_i^r}$$

(**N.B. :** Toutes les définitions de ce chapitre sont données pour un tableau de distribution. Si l'on dispose de données ponctuelles, alors $n_i = 1$ pour tout i; pour des données groupées, x_i est le centre de la classe n° i)

- ***Moments centrés d'ordre r***

On appelle moment centré d'ordre r ($r \in \mathbb{N}$) le nombre :

$$\mu_r(X) = \frac{\sum_{i=1}^{p} n_i(x_i - \bar{x})^r}{\sum_{i=1}^{p} n_i} = \sum_{i=1}^{p} f_i(x_i - \bar{x})^r$$

Remarque : D'une manière générale, les moments centrés d'ordre pair renseignent sur la dispersion des observations autour de la moyenne $\bar{x}$, et les moments centrés d'ordre impair sur la dissymétrie (ou l'obliquité) de la distribution.
Pour $r > 1$, ils s'expriment dans une unité différente des valeurs observées; ce ne sont donc pas des paramètres de dispersion au sens strict.

- ***Égalités remarquables***

– On a : $m_0 = 1$,
$m_1 = \bar{x}$,
$m_2 = Q^2$ (moyenne quadratique)
$\mu_0 = 1, \quad \mu_1 = 0$

– En utilisant la formule du binôme de Newton, on montre que :

$$\forall r \in \mathbb{N}, \quad \mu_r = \left(\sum_{k=0}^{r-2} (-1)^k C_r^4 m_{r-k} m_1^k \right) + (-1)^{r-1}(r-1)m_1^r$$

En particulier : $\mu_2 = m_2 - m_1^2$ (*théorème de Koenigs*)
$\mu_3 = m_3 - 3m_2 m_1 + 2m_1^3$
$\mu_4 = m_4 - 4m_3 m_1 + 6m_2 m_1^2 - 3m_1^4$

- ***Changements d'origine et d'unité***

Soit a et b deux réels quelconques, et les séries statistiques :

$$X = \{x_i\}_{i \in I}, \quad U = \{u_i\}_{i \in I} \quad \text{telles que} \quad \forall i \in I, \quad u_i = ax_i + b$$

Alors : $\forall r \in \mathbb{N} \quad \mu_r(U) = a^r \mu_r(X)$

▪ VARIANCE ET ÉCART-TYPE

- ***Variance***

On appelle variance d'un caractère X son moment centré d'ordre 2 :

$$\textbf{Var}\,(X) = \frac{\sum_{i=1}^{p} n_i(x_i - \bar{x})^2}{\sum_{i=1}^{p} n_i} = \sum_{i=1}^{p} f_i(x_i - \bar{x})^2$$

- ***Écart-type***

On appelle écart-type la racine carrée de la variance :

$$\boxed{\sigma(X) = \sqrt{\text{Var}(X)}}$$

L'écart-type s'exprime dans la même unité que les valeurs observées et mesure la dispersion autour de $\bar{x}$. Plus l'écart-type est grand, plus la dispersion des observations autour de la moyenne est importante.

- ***Calcul de la variance : théorème de Koenigs***

$$\text{Var}(X) = m_2(X) - m_1^2(X) = \frac{\sum_{i=1}^{p} n_i x_i^2}{\sum_{i=1}^{p} n_i} - \left[\frac{\sum_{i=1}^{p} n_i x_i}{\sum_{i=1}^{p} n_i}\right]^2$$

■ COEFFICIENT DE VARIATION

Le coefficient de variation est le rapport de l'écart-type à la moyenne :

$$\boxed{CV = \frac{\sigma}{\bar{x}}}$$

C'est un nombre sans dimension, indépendant des unités choisies. Il permet de comparer des séries exprimées dans des unités différentes. (On peut le considérer comme un indice de dispersion « absolu ».)

■ ÉCARTS ABSOLUS MOYENS

- ***e.a.m. par rapport à la moyenne***

C'est la moyenne des écarts à la moyenne :

$$\boxed{e_{\bar{x}} = \frac{\sum_{i=1}^{p} n_i |x_i - \bar{x}|}{\sum_{i=1}^{p} n_i} = \sum_{i=1}^{p} f_i |x_i - \bar{x}|}$$

- ***e.a.m. par rapport à la médiane***

C'est la moyenne des écarts à la médiane :

$$\boxed{e_{Me} = \frac{\sum_{i=1}^{p} n_i |x_i - Me|}{\sum_{i=1}^{p} n_i} = \sum_{i=1}^{p} f_i |x_i - Me|}$$

C'est le plus petit des écarts absolus moyens.

Pour toute distribution statistique, on a :

$$e_{Me} \leqslant e_{\bar{x}} \leqslant \sigma$$

▪ ÉCARTS INTERQUANTILES

• ***Intervalles interquantiles***

Un intervalle interquantile d'ordre a % contient a % des valeurs observées centrales, en laissant $\frac{(100-a)}{2}$ % des plus petites et $\frac{(100-a)}{2}$ % des plus grandes. On note :

$$I_a = [Q_{\frac{100-a}{2}} ; Q_{\frac{100+a}{2}}]$$

L'intervalle interquantile $[Q_{25} ; Q_{75}]$ contient 50 % des observations centrales;
l'intervalle interdécile $[Q_{10} ; Q_{90}]$ en contient 80 %;
l'intervalle intercentile $[Q_1 ; Q_{99}]$ en contient 98 %.

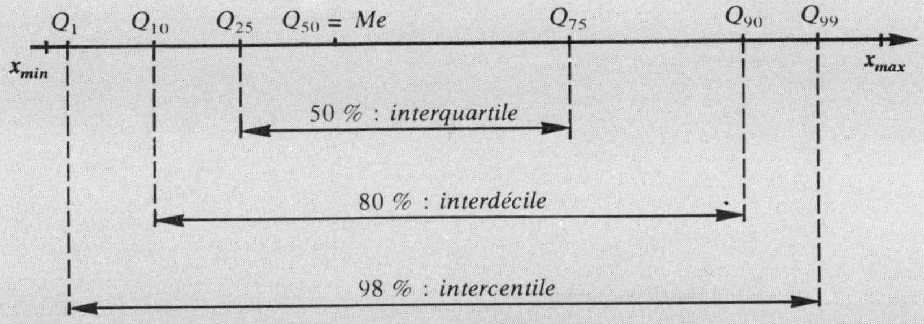

• ***Écarts interquantiles***

On appelle **écart interquartile** le nombre $Q_{75} - Q_{25}$;
on appelle **écart interdécile** le nombre $Q_{90} - Q_{10}$;
on appelle **écart intercentile** le nombre $Q_{99} - Q_1$.
Ces écarts permettent de mesurer la dispersion de la série autour de la médiane.

• ***Étendue***

L'étendue est égale à la différence entre la valeur maximum observée et la valeur minimum observée. On note :

$$w = x_{max} - x_{min}$$

■ PARAMÈTRES DE FORME

• *Coefficient d'asymétrie de Fisher*

$$\boxed{\gamma = \frac{\mu_3}{\sigma^3} = \frac{\mu_3}{\mu_2^{3/2}}}$$

Si $\gamma < 0$, la distribution est étalée vers la gauche (biais négatif).

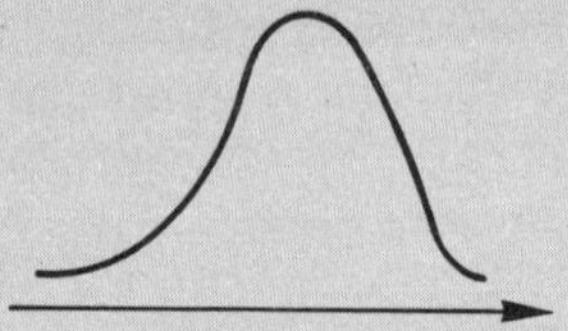

Si $\gamma > 0$, la distribution est étalée vers la droite (biais positif).

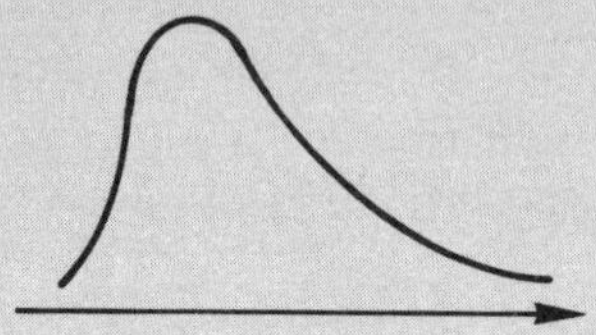

Si $\gamma = 0$, elle est symétrique.

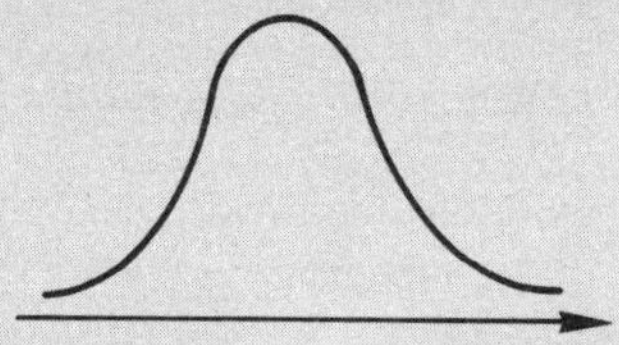

• *Coefficient d'aplatissement de Pearson*

$$\boxed{\beta = \frac{\mu_4}{\sigma^4} = \frac{\mu_4}{\mu_2^2}}$$

Si $\beta = 3$, la distribution est « normale » (courbe « en cloche » de Gauss).

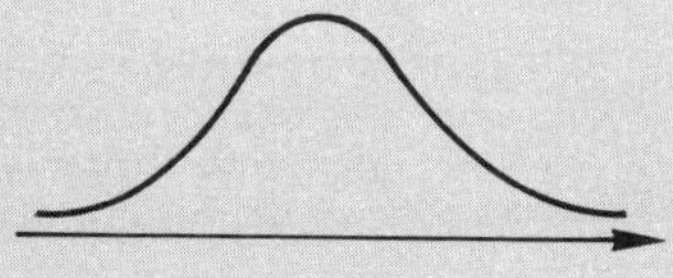

Si $\beta < 3$, la distribution est plus aplatie que la distribution normale (hyponormale ou platykurtique).

Si $\beta > 3$, la distribution est moins aplatie que la distribution normale (hypernormale ou leptokurtique).

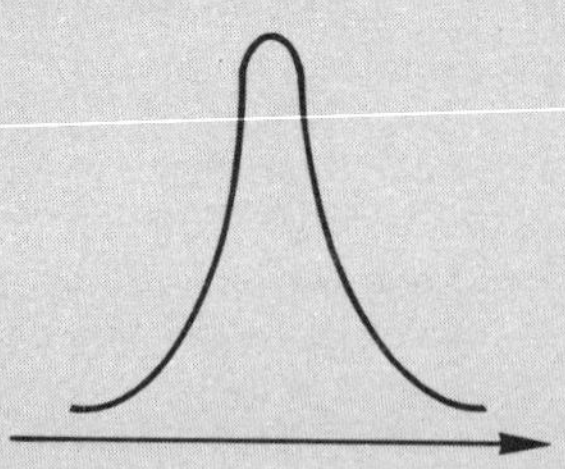

• Ces deux coefficients sont sans dimension et indépendants d'un changement d'échelle et/ou d'origine.

▪ BOÎTES À MOUSTACHES

• *Boîtes à moustaches de largeur constante*

Les « boîtes à moustaches » (*Box plots* en anglais) sont des représentations graphiques d'un caractère statistique **numérique** résumé par les cinq caractéristiques suivantes :

– sa valeur minimale : x_{min}
– son premier quartile : Q_{25}
– sa médiane : M_e
– son dernier quartile : Q_{75}
– et sa valeur maximale : x_{max}

Elles permettent de comparer différentes distributions selon ces cinq paramètres de position et d'illustrer leur dispersion en mettant en évidence l'intervalle interquartile et l'étendue de chacune d'elles.
Cette représentation graphique est construite sur une échelle verticale (ou horizontale) de la façon suivante :

1° on trace un rectangle, de largeur arbitraire, qui s'étend du premier au dernier quartile;

2° on partage ce rectangle par une ligne tracée au niveau de la médiane;

3° on ajoute les « moustaches »! c'est-à-dire des segments s'étendant de la valeur minimale au premier quartile et du dernier quartile à la valeur maximale.

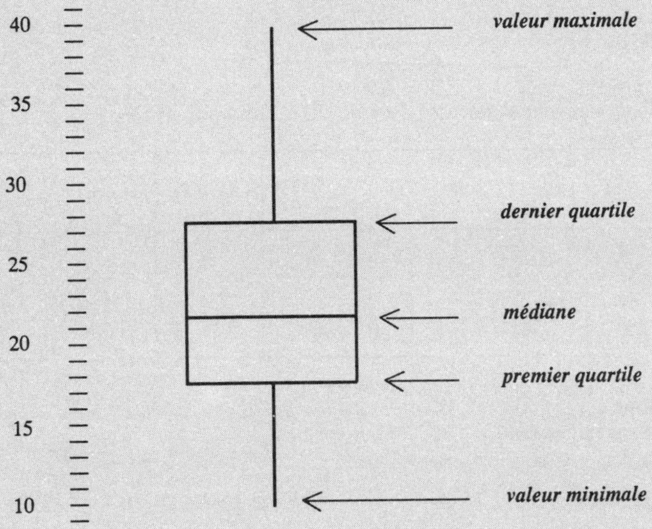

• *Boîtes à moustaches de largeur variable*

La représentation graphique précédente permet de comparer facilement plusieurs distributions statistiques, mais cette comparaison peut être améliorée en tenant compte de la taille des populations concernées. Pour cela, on dessine des boîtes à moustaches dont la largeur n'est plus arbitraire mais proportionnelle à la racine carrée de la taille de la population.

EXERCICES

■ MOMENTS

1. Soit la série statistique : { – 3; – 2; 0; 1; 3; 7}.
Calculer ses moments d'ordre 1, 2, 3 et 4.

Réponse :

Puisque la série contient six valeurs, on a : $m_r = \frac{1}{6} \sum_{i=1}^{6} x_i^r$.
Les calculs peuvent s'effectuer à l'aide du tableau suivant :

r	x_i^r	x_1^r	x_2^r	x_3^r	x_4^r	x_5^r	x_6^r	Σx_i^r	m_r
1	x_i	– 3	– 2	0	1	3	7	6	6/6 = 1
2	x_i^2	9	4	0	1	9	49	72	72/6 = 12
3	x_i^3	– 27	– 8	0	1	27	343	336	336/6 = 56
4	x_i^4	81	16	0	1	81	2 401	2 580	2 580/6 = 430

2. Soit la série statistique : { – 3; – 2; 0; 1; 3; 7}.
Calculer ses moments centrés d'ordre 1, 2, 3 et 4.

Réponse :

On a : $\bar{x} = (-3 - 2 + 1 + 3 + 7)/6 = 1$
Les calculs peuvent s'effectuer à l'aide du tableau suivant :

r	$(x_1 - 1)^r$	$(x_2 - 1)^r$	$(x_3 - 1)^r$	$(x_4 - 1)^r$	$(x_5 - 1)^r$	$(x_6 - 1)^r$	$\sum_{i=1}^{6} (x_i - 1)^r$
1	– 4	– 3	– 1	0	2	6	0
2	16	9	1	0	4	36	66
3	– 64	– 27	– 1	0	8	216	132
4	256	81	1	0	16	1 296	1 650

On a donc : $\mu_1 = 0/6 = 0$ $\quad \mu_3 = 132/6 = 22$
$\mu_2 = 66/6 = 11$ $\quad \mu_4 = 1\,650/6 = 275$

Autre méthode

On utilise les résultats de l'exercice précédent :

$\mu_1 = 0$ (connu!)

$\mu_2 = m_2 - m_1 = 12 - 1 = 11$

$\mu_3 = m_3 - 3m_2m_1 + 2m_1^3 = 56 - 3 \times 12 \times 1 + 2 \times 1 = 22$

$\mu_4 = m_4 - 4m_3m_1 + 6m_2m_1^2 - 3m_1^4$
$= 430 - 4 \times 56 \times 1 + 6 \times 12 \times 1 - 3 \times 1$
$= 430 - 224 + 72 - 3 = 275.$

■ VARIANCE ET ÉCART-TYPE

3. Au cours du premier semestre, sept observations d'un certain caractère quantitatif X ont donné une moyenne égale à 5 et une variance égale à 6. Au second semestre, treize observations du même caractère donnent une moyenne égale à 6 et une variance égale à 8.
Quelle est la variance de ce caractère pour les vingt observations de l'année?

Réponse :

Ce n'est pas la moyenne arithmétique pondérée des deux variances! Il faut utiliser la formule de Koenigs :

$$\text{Var}(X) = m_2(X) - m_1^2(X)$$

Or : $m_2(X) = \dfrac{1}{20}\sum_{i=1}^{20} x_i^2 = \dfrac{1}{20}\left[\sum_{i=1}^{7} x_i^2 + \sum_{i=8}^{20} x_i^2\right]$

Mais d'après les résultats du premier semestre :

$$6 = \left(\frac{1}{7}\sum_{i=1}^{7} x_i^2\right) - 5^2, \quad \text{d'où} \quad \sum_{i=1}^{7} x_i^2 = 7(6+25) = 217$$

et d'après ceux du second semestre :

$$8 = \left(\frac{1}{13}\sum_{i=8}^{20} x_i^2\right) - 6^2, \quad \text{d'où} \quad \sum_{i=8}^{20} x_i^2 = 13(8+36) = 572$$

D'autre part (propriété de la moyenne arithmétique) :

$$m_1(X) = \frac{(7 \times 5) + (13 \times 6)}{7 + 13} = \frac{113}{20}$$

On a donc : $\text{Var}(X) = \dfrac{217 + 572}{20} - \left(\dfrac{113}{20}\right)^2 = 7{,}527\,5.$

4. On considère l'ensemble de nombres suivant :

12 16 18 6 10 8 15 17 13 15

Calculer l'écart-type de cette série.

Réponse :

On calcule d'abord la moyenne :

$$\bar{x} = (12 + 16 + 18 + 6 + 10 + 8 + 15 + 17 + 13 + 15)/10 = 130/10 = 13$$

Puis la variance :

$$\text{Var}(X) = \frac{1}{n}\sum_{i=1}^{n}(x_i - \bar{x})^2 = \frac{1}{10}(1 + 9 + 25 + 49 + 9 + 25 + 4 + 16 + 4)$$

$$= \frac{142}{10} = 14{,}2$$

On en déduit l'écart-type : $\sigma(X) = \sqrt{\text{Var}(X)} \approx 3{,}77.$

5. On considère la distribution suivante :

PRIMES EN FRANCS	NOMBRE D'EMPLOYÉS
de 1 250 à moins de 1 750	130
de 1 750 à moins de 2 250	350
de 2 250 à moins de 2 750	210
de 2 750 à moins de 3 250	130
de 3 250 à moins de 3 750	90
de 3 750 à moins de 4 250	50
de 4 250 à moins de 4 750	30
de 4 750 à moins de 5 250	10

Calculer son écart-type.

Réponse :

On dresse le tableau suivant avec le changement de variable :

$$z_i = \frac{x_i - 2\,500}{500}$$

x_i	n_i	z_i	$n_i z_i$	$n_i z_i^2$
1 500	130	− 2	− 260	520
2 000	350	− 1	− 350	350
2 500	210	0	0	0
3 000	130	1	130	130
3 500	90	2	180	360
4 000	50	3	150	450
4 500	30	4	120	480
5 000	10	5	50	250
Σ	**1 000**		**20**	**2 540**

On trouve alors : $\bar{z} = 20/1\,000$
et, en utilisant le théorème de Koenigs :

$$\text{Var}(Z) = 2\,540/1\,000 - 0{,}02^2 = 2{,}539\,6 \quad \text{et} \quad \sigma(Z) = \sqrt{\text{Var}(Z)} \approx 1{,}593\,6$$

Donc : $\sigma(X) = 500.\ \sigma(Z) \approx 796{,}81$ F.

6. On considère la distribution suivante :

CLASSES	[15; 25[	[25; 35[	[35; 45[	[45; 55[	[55; 65[	[65; 75[	[75; 85[
EFFECTIFS	9	15	22	29	17	6	2

a) Calculer l'écart absolu moyen par rapport à la moyenne.
b) Calculer l'écart absolu moyen par rapport à la médiane.

Réponse : On dresse le tableau suivant :

CLASSES	x_i	n_i	$n_i x_i$	$\|x_i - \bar{x}\|$	$n_i \|x_i - \bar{x}\|$	F_i (%)	$\|x_i - Me\|$	$n_i \|x_i - Me\|$
[15; 25[	20	9	180	25,6	230,4	9	26,38	237,42
[25; 35[	30	15	450	15,6	234,0	24	16,38	245,70
[35; 45[	40	22	880	5,6	123,2	46	6,38	140,36
[45; 55[	50	29	1 450	4,4	127,6	75	3,62	104,98
[55; 65[	60	17	1 020	14,4	244,8	92	13,62	231,54
[65; 75[	70	6	420	24,4	146,4	98	23,62	141,72
[75; 85[	80	2	160	34,4	68,8	100	33,62	67,24
Σ		**100**	**4 560**		1 175,2			1 168,96
Σ/n			**45,6**		**11,752**			**11,689 6**

a) $\bar{x} = 45{,}6$ et $e_{\bar{x}} = 11{,}75$

b) $Me = 45 + 10 \cdot (50 - 46)/29 \approx 46{,}38$ et $e_{M_e} \approx 11{,}69$

On vérifie que : $e_{Me} < e_{\bar{x}}$

7. Voici, selon l'INSEE, l'éventail des salaires (annuels nets en francs) en 1979 et 1983 :

	1979	*1983*
1er décile	24 920	40 490
2ème décile	29 290	47 410
3ème décile	32 620	53 220
4ème décile	36 150	58 630
5ème décile	39 560	64 370
6ème décile	44 100	71 520
7ème décile	49 770	80 660
8ème décile	58 270	94 120
9ème décile	75 740	122 900

La population est celle des salariés à temps complet des secteurs privé et semi-public, à l'exclusion de l'agriculture et des personnels domestiques.

a) Déterminer les salaires médians de 1979 et 1983.
b) Calculer l'écart interdécile pour 1979 et 1983.
c) Calculer, pour 1979 et 1983, le rapport écart interdécile/médiane. Qu'en déduire pour la disparité des salaires à ces deux dates?

Réponses :

Le $i^{\text{ème}}$ décile est le quantile d'ordre $(10i)$ %.

a) La médiane est égale au 5ème décile; donc :

$$Me(79) = 39\,560 \text{ F} \quad \text{et} \quad Me(83) = 64\,370 \text{ F}$$

b) L'écart interdécile est la différence entre le 9ème décile et le 1er décile; donc :

$$\text{pour 1979 : } Q_{90} - Q_{10} = 75\,740 - 24\,920 = 50\,820 \text{ F}$$
$$\text{pour 1983 : } Q_{90} - Q_{10} = 122\,900 - 40\,490 = 82\,410 \text{ F}$$

c) En 1979, on trouve : $\dfrac{Q_{90} - Q_{10}}{Me} = \dfrac{50\,820}{39\,560} \approx 1{,}28$

Pour 1983, on trouve : $\dfrac{Q_{90} - Q_{10}}{Me} = \dfrac{82\,410}{64\,370} \approx 1{,}28$

Ces deux rapports sont pratiquement égaux, ce qui confirme que les disparités de salaires n'ont pratiquement pas évolué malgré la réduction des écarts entre catégories socio-professionnelles.

8. Soit la distribution :

[50; 150[	[150; 250[	[250; 350[	[350; 450[	[450; 550[	[550; 650[	[650; 750[	[750; 850[	[850; 950[
27	30	42	51	66	30	21	18	15

a) Calculer l'écart interquartile.
b) Calculer les bornes d'un intervalle contenant 98 % des valeurs centrales.

Réponses :

a) On calcule les quartiles en dressant le tableau des fréquences cumulées croissantes :

CLASSES	n_i	f_i (%)	F_i (%)
[50; 150[	27	9	9
[150; 250[	30	10	19
[250; 350[	42	14	33
[350; 450[	51	17	50
[450; 550[	66	22	72
[550; 650[	30	10	82
[650; 750[	21	7	89
[750; 850[	18	6	95
[850; 950[	15	5	100

On constate que $Q_{25} \in [250\,;\,350[$ et $Q_{75} \in [550\,;\,650[$.

On a : $Q_{25} = 250 + 100 \cdot \dfrac{25 - 19}{14} \approx 292{,}86$

$Q_{75} = 550 + 100 \cdot \dfrac{75 - 72}{10} = 580$

L'écart interquartile vaut donc : $580 - 292{,}86 = 287{,}14$.

b) L'intervalle intercentile contient 98 % des valeurs centrales. Ses bornes sont :

$$Q_1 = 50 + 100 \cdot \frac{1}{9} \approx 61{,}11 \quad \text{et} \quad Q_{99} = 850 + 100 \cdot \frac{99 - 95}{5} = 930$$

9. On considère la distribution groupée suivante :

CLASSES	[15; 25[	[25; 35[	[35; 45[	[45; 55[	[55; 65[	[65; 75[	[75; 85[
EFFECTIFS	5	15	32	40	66	25	17

Calculer ses moments centrés d'ordre 2, 3 et 4, puis le coefficient d'asymétrie de Fisher et le coefficient d'aplatissement de Pearson.

Réponses :

Moments centrés
On établit le tableau suivant, où x_i est le centre de la classe numéro i et $z_i = (x_i - 50)/10$:

	(1)	(2)	(3) (1) × (2)	(4) (2) × (3)	(5) (2) × (4)	(6) (2) × (5)
x_i	n_i	z_i	$n_i z_i$	$n_i z_i^2$	$n_i z_i^3$	$n_i z_i^4$
20	5	− 3	− 15	45	− 135	405
30	15	− 2	− 30	60	− 120	240
40	32	− 1	− 32	32	− 32	32
50	40	0	0	0	0	0
60	66	1	66	66	66	66
70	25	2	50	100	200	400
80	17	3	51	153	459	1 377
Σ	**200**		**90**	**456**	**438**	**2 520**

• On a : $m_1(Z) = \bar{z} = \dfrac{90}{200} = 0{,}45$

• $m_2(Z) = \dfrac{456}{200} = 2{,}28$; d'où $\mu_2(Z) = m_2(Z) - \bar{z}^2 = 2{,}28 - (0{,}45)^2 = 2{,}077\,5$

donc : $\mu_2(X) = 10^2 \mu_2(Z) = 207{,}75$.

• $m_3(Z) = \dfrac{438}{200} = 2{,}19$ d'où $\mu_3(Z) = m_3(Z) - 3m_2(Z)\bar{z} + 2\bar{z}^3$

$\mu_3(Z) = 2{,}19 - 3 \times 2{,}28 \times 0{,}45 + 2 \times 0{,}45^3 = -0{,}705\,75$

donc : $\mu_3(X) = 10^3 \mu_3(Z) = -705{,}75$.

• $m_4(Z) = \dfrac{2\,520}{200} = 12{,}6$

D'où : $\mu_4(Z) = m_4(Z) - 4m_3(Z)\bar{z} + 6m_2(Z)\bar{z}^2 - 3\bar{z}^4$

$= 12{,}6 - (4 \times 2{,}19 \times 0{,}45) + (6 \times 2{,}28 \times 0{,}45^2) - (3 \times 0{,}45^4)$

$\approx 11{,}305\,182)$

Donc : $\mu_4(X) = 10^4 \mu_4(Z) \approx 113\,051{,}82$

Coefficient d'asymétrie

$\gamma = \dfrac{-705{,}75}{2\,994{,}412} \approx -0{,}236$ (dissymétrie : étalement vers la gauche)

Coefficient d'aplatissement

$\beta = \dfrac{113\,051{,}82}{43\,160{,}062\,5} \approx 2{,}62$ (légèrement hyponormale)

10. Lors d'un banquet de mariage, on a relevé les âges des 47 convives présents et on a obtenu le tableau de valeurs suivant :

10	13	23	29	92	71	45	54	23	30
24	30	17	85	31	17	44	50	51	22
48	22	14	70	53	25	48	49	21	50
24	45	52	46	15	87	49	50	24	20
29	51	23	24	53	60	65			

Représenter cette série de valeurs par une boîte à moustaches.

11. Une enquête sur les salaires mensuels bruts des techniciens supérieurs de quatre entreprises de la même région et du même secteur industriel a donné les résultats qui suivent.
(Les salaires sont exprimés en francs arrondis au demi-millier le plus proche.)

ENTREPRISE	EFFECTIF	x_{min}	Q_{25}	M_e	Q_{75}	x_{max}
A	110	10 500	15 000	17 500	20 000	23 500
B	88	11 500	17 500	22 000	24 000	29 500
C	81	11 500	15 000	16 500	19 000	27 500
D	25	9 500	12 000	13 500	15 000	22 500

Comparer ces entreprises à l'aide de boîtes à moustaches tenant compte de leur effectif.

12. On a soumis vingt sujets au test Multi-aptitude de Cureton; à l'épreuve de reconnaissance de mot, ils ont obtenu les « notes » suivantes :

SUJET	NOTE
1	11
2	9
3	10
4	13
5	12

SUJET	NOTE
6	9
7	11
8	10
9	11
10	14

SUJET	NOTE
11	15
12	8
13	13
14	7
15	10

SUJET	NOTE
16	11
17	13
18	11
19	10
20	12

Calculer l'étendue, l'écart absolu moyen par rapport à la moyenne et l'écart-type de cette distribution.

13. Une étude sur le chiffre d'affaires d'une population de P.M.E. a permis d'obtenir les résultats suivants (en milliers de francs) :

Minimum	3 500
Moyenne	4 900
Écart-type	650
Mode	4 550
Écart interquartile	1 100
Médiane	4 600
Premier quartile	4 100
Premier décile	3 700
Écart interdécile	2 800
Étendue	5 000

1° Classer ces paramètres en deux catégories (position, dispersion).
2° Quel est le chiffre d'affaires le plus grand dans cette population de P.M.E.?
3° Calculer le troisième quartile et le neuvième décile.
4° Placer sur un axe les paramètres caractérisant cette série.

14. La répartition des employés d'une entreprise suivant la prime de fin d'année a permis de dresser le tableau suivant :

PRIME en F	NOMBRE D'EMPLOYÉS
[1 250; 1 750[	130
[1 750; 2 250[	350
[2 250; 2 750[	210
[2 750; 3 250[	130
[3 250; 3 750[	90
[3 750; 4 250[	50
[4 250; 4 750[	30
[4 750; 5 250[	10

1° Quelle est l'étendue de cette série?
2° Calculer la prime moyenne.
3° Calculer les quartiles.
4° Calculer l'écart interquartile.
5° Calculer l'écart interdécile.
6° Calculer l'écart-type.

PROBLÈMES (solutions)

10. On détermine d'abord les cinq caractéristiques numériques nécessaires pour tracer une boîte à moustaches : valeurs minimale et maximale, et les trois quartiles. Pour cela, on classe par ordre croissant les 47 valeurs :

10	13	14	15	17	17	20	21	22	22	23	23
23	24	24	24	24	25	29	29	30	30	31	44
45	45	46	48	48	49	49	50	50	50	51	51
52	53	53	54	60	65	70	71	85	87	92	

On en déduit :

$$x_{min} = 10; \quad Q_{25} = 23; \quad M_e = 44; \quad Q_{75} = 51; \quad x_{max} = 92.$$

La boîte à moustaches correspondante a alors l'aspect suivant :

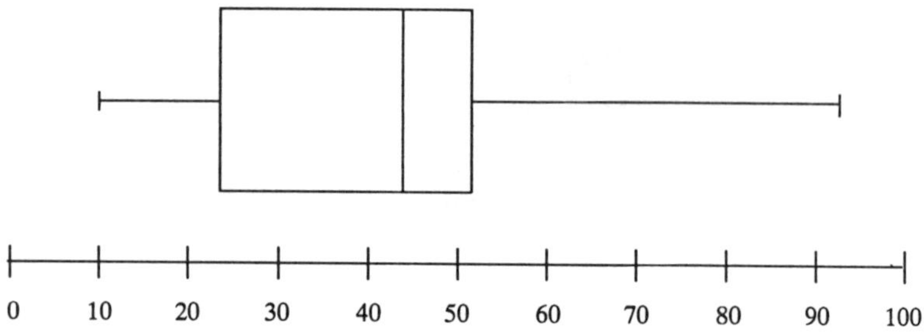

11. Les racines carrées des effectifs de techniciens supérieurs de chacune des entreprises sont approximativement et respectivement :

10,5; 9,4; 9; 5

On choisira donc pour largeurs des boîtes des valeurs proportionnelles :

2,1; 1,9; 1,8 et 1 par exemple...

On obtient alors le diagramme suivant :

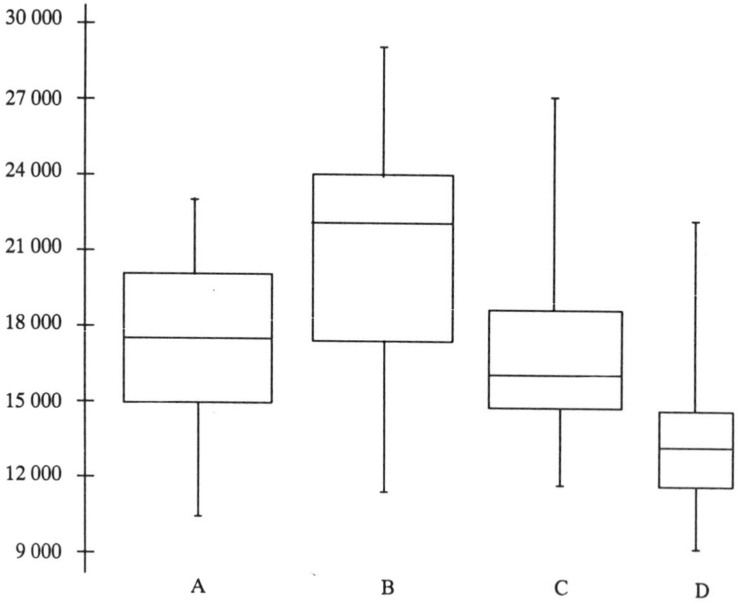

12. Tableau de distribution :

x_i	n_i	$n_i x_i$	(1)	(2)	(1) × (2)
			$\lvert x_i - 11\rvert$	$n_i \lvert x_i - 11\rvert$	$n_i(x_i - 11)^2$
7	1	7	4	4	16
8	1	8	3	3	9
9	2	18	2	4	8
10	4	40	1	4	4
11	5	55	0	0	0
12	2	24	1	2	2
13	3	39	2	6	12
14	1	14	3	3	9
15	1	15	4	4	16
Total	**20**	**220**		**30**	**76**

On a regroupé les données ponctuelles de l'énoncé dans un tableau de distribution permettant de calculer les paramètres de dispersion demandés.

L'étendue vaut : $w = x_{max} - x_{min} = 15 - 7 = 8$

La moyenne vaut : $\bar{x} = \dfrac{220}{20} = 11$

L'écart absolu moyen par rapport à la moyenne est :

$$e_{\bar{x}} = \frac{\sum_{i=1}^{p} n_i |x_i - \bar{x}|}{\sum_{i=1}^{p} n_i} = \frac{30}{20} = 1,5$$

La variance est : $\operatorname{Var}(X) = \dfrac{\sum_{i=1}^{p} n_i(x_i - \bar{x})^2}{\sum_{i=1}^{p} n_i} = \dfrac{76}{20} = 3,8$

D'où l'écart-type : $\sigma = \sqrt{3,8} \approx 1,95$

13. **1°**

POSITION	
Minimum	3 500
Moyenne	4 900
Mode	4 550
Médiane	4 600
Premier quartile	4 100
Premier décile	3 700

DISPERSION	
Écart-type	650
Écart interquartile	1 100
Écart interdécile	2 800
Étendue	5 000

2° Connaissant le chiffre d'affaires minimum et l'étendue, on peut calculer le chiffre d'affaires maximum de la série :

$$\text{Max} = \text{Étendue} + \text{Min} = 5\,000 + 3\,500 = 8\,500$$

Le chiffre d'affaires maximum est de 8 500 000 F.

3° Pour calculer le troisième quartile, on utilise le premier quartile et l'écart interquartile. On a :

$$\text{Écart interquartile} = Q_{75} - Q_{25}; \quad Q_{75} = 4\,100 + 1\,100 = 5\,200$$

Le troisième quartile est égal à 5 200 000 F.

De même pour le neuvième décile, on a :

$$\text{Écart interdécile} = Q_{90} - Q_{10}; \quad Q_{90} = 3\,700 + 2\,800 = 6\,500$$

Le neuvième décile est égal à 6 500 000 F.

4°

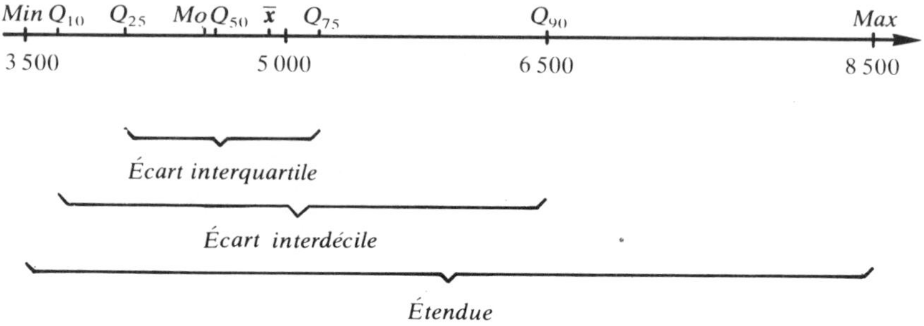

14.

CLASSES	n_i	x_i	f_i	$f_i x_i$	$x_i^2/10^4$	$f_i x_i^2/10^2$	F_i
[1 250; 1 750[	130	1 500	0,13	195	225	2 925	0,13
[1 750; 2 250[	350	2 000	0,35	700	400	14 000	0,48
[2 250; 2 750[	210	2 500	0,21	525	625	13 125	0,69
[2 750; 3 250[	130	3 000	0,13	390	900	11 700	0,82
[3 250; 3 750[	90	3 500	0,09	315	1 225	11 025	0,91
[3 750; 4 250[	50	4 000	0,05	200	1 600	8 000	0,96
[4 250; 4 750[	30	4 500	0,03	135	2 025	6 075	0,99
[4 750; 5 250[	10	5 000	0,01	50	2 500	2 500	1,00
Total	**1 000**		**1,00**	**2 510**		**69 350**	

1° L'étendue de la série correspond à la différence entre la limite supérieure de la dernière classe et la limite inférieure de la première classe, c'est-à-dire :

$$w = 5\,250 - 1\,250 = 4\,000 \text{ F}$$

2° La prime moyenne est la moyenne arithmétique :

$$\bar{x} = \frac{\sum_i n_i x_i}{\sum_i n_i} = \sum_i f_i x_i = 2\,510 \text{ F} \quad \text{(voir tableau ci-dessus)}$$

3° Il y a trois quartiles notés Q_{25}, Q_{50}, Q_{75}.

Q_{25} est situé dans la classe [1 750; 2 250[. Donc :

$$\frac{Q_{25} - 1\,750}{2\,250 - 1\,750} = \frac{0{,}25 - 0{,}13}{0{,}48 - 0{,}13} \Longrightarrow Q_{25} = 1\,750 + 500 \times \frac{12}{35} \approx 1\,921{,}43 \text{ F}$$

Le premier quartile est égal à 1 921,43 F; donc, 25 % des salariés touchent une prime inférieure à 1 921,43 francs.

De même, Q_{50} est situé dans la classe [2 250; 2 750[. On a :

$$\frac{Q_{50} - 2\,250}{2\,750 - 2\,250} = \frac{0{,}50 - 0{,}48}{0{,}69 - 0{,}48} \Longrightarrow Q_{50} \approx 2\,297{,}62\ F$$

La valeur Q_{50} correspond à la médiane.

De même, Q_{75} est situé dans la classe [2 750; 3 250[. On a :

$$\frac{Q_{75} - 2\,750}{3\,250 - 2\,750} = \frac{0{,}75 - 0{,}69}{0{,}82 - 0{,}69} \Longrightarrow Q_{75} \approx 2\,980{,}77 \text{ F}$$

25 % des employés touchent une prime supérieure à 2 980,77 francs.

4° Les bornes de l'intervalle interquartile sont Q_{25} et Q_{75}. L'écart interquartile est égal à $Q_{75} - Q_{25}$:

$$Q_{75} - Q_{25} = 2\,980{,}77 - 1\,921{,}43 = 1\,059{,}34 \text{ F}$$

L'intervalle interquartile [1 921,43; 2 980,77] contient 50 % des valeurs observées.

5° Pour calculer l'écart interdécile, il faut calculer deux déciles qui correspondent à Q_{10} et Q_{90}.
Q_{10} est dans la classe [1 250; 1 750[:

$$\frac{Q_{10} - 1\,250}{1\,750 - 1\,250} = \frac{0{,}10}{0{,}13} \Longrightarrow Q_{10} \approx 1\,634{,}62 \text{ F}$$

Q_{90} est dans la classe [3 250; 3 750[:

$$\frac{Q_{90} - 3\,250}{3\,750 - 3\,250} = \frac{0{,}90 - 0{,}82}{0{,}91 - 0{,}82} \Longrightarrow Q_{90} \approx 3\,694{,}44 \text{ F}$$

L'écart interdécile est donc égal à :

$$Q_{90} - Q_{10} = 3\,694{,}44 - 1\,634{,}62 = 2\,059{,}83 \text{ F}$$

6° La variance est égale à :

$$\text{Var}(X) = \frac{\sum_i n_i(x_i - \bar{x})^2}{\sum_i n_i} = \sum_i f_i x_i^2 - (\sum_i f_i x_i)^2$$

$$\text{Var}(X) = 6\,935\,000 - 2\,510^2 = 6\,935\,000 - 6\,300\,100 = 634\,900$$

L'écart-type est égal à la racine de la variance :

$$\sigma \approx 796{,}81 \text{ F}$$

La dispersion moyenne autour de 2 510 F est égale à 796,81 F.

Remarque : Le calcul de l'écart-type de cette série a été fait dans l'exercice **5,** en utilisant un changement de variable.

5 CONCENTRATION

- LA MÉDIALE
- LA COURBE DE CONCENTRATION
- L'INDICE DE CONCENTRATION

L'étude de la concentration ne se fait généralement que pour des séries statistiques continues et positives.

■ LA MÉDIALE

• *Valeurs globales*

On appelle valeurs globales de la série, les valeurs $\boldsymbol{n_i x_i}$ (n_i étant l'effectif de la classe de centre x_i).

• *Médiale*

La médiale est une médiane calculée relativement aux valeurs globales relatives (au lieu des fréquences). Elle est notée **Mle.**

• *Détermination numérique*

On calcule :
– les valeurs globales relatives q_i;
– les valeurs globales relatives cumulées croissantes Q_i.

On détermine la classe qui contient la médiale, c'est-à-dire dans laquelle les valeurs globales relatives cumulées croissantes atteignent 50 %.
Soit : $[a, b[$ cette classe;
Q_a les valeurs globales relatives cumulées croissantes (en pourcentage) au point a;
Q_b les valeurs globales relatives cumulées croissantes (en pourcentage) au point b.

On a, par interpolation linéaire, la relation : $\dfrac{Mle - a}{b - a} = \dfrac{50 - Q_a}{Q_b - Q_a}$, ou encore :

$$\boldsymbol{Mle = a + (b - a) \times \frac{50 - Q_a}{Q_b - Q_a}}$$

Remarques :
La médiale est une valeur du caractère et s'exprime dans la même unité.
La médiale est toujours supérieure ou égale à la médiane.

■ LA COURBE DE CONCENTRATION

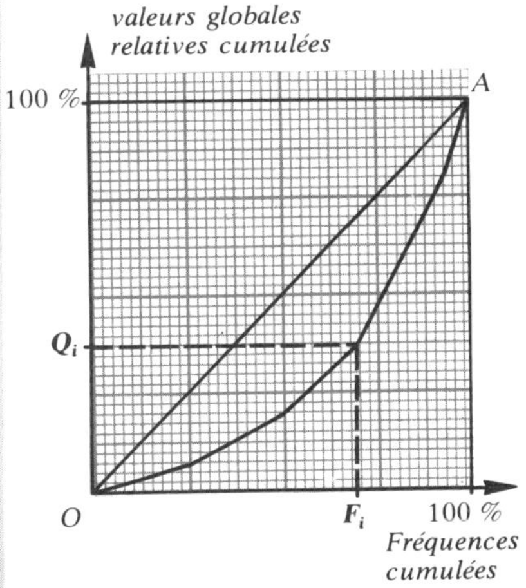

• Cette courbe, introduite par Gini (1912) lors d'études sur les salaires et les revenus, a pour but de décrire les effets de la concentration dans une population.
Sur l'axe des abscisses, on porte les fréquences cumulées croissantes F_i, et sur l'axe des ordonnées les valeurs globales relatives cumulées croissantes Q_i.
La courbe de concentration est inscrite dans un carré.

• ***Interprétation***

Un pourcentage F_i d'individus de la population se partage un pourcentage Q_i de la masse totale des valeurs globales. Plus la courbe s'éloigne de la diagonale du carré, plus la concentration est importante; plus la courbe se rapproche de la diagonale OA, plus la répartition est équitable. A la limite, le segment $[OA]$ est une courbe de concentration associée à une population où il y a équirépartition de la masse totale des valeurs globales.

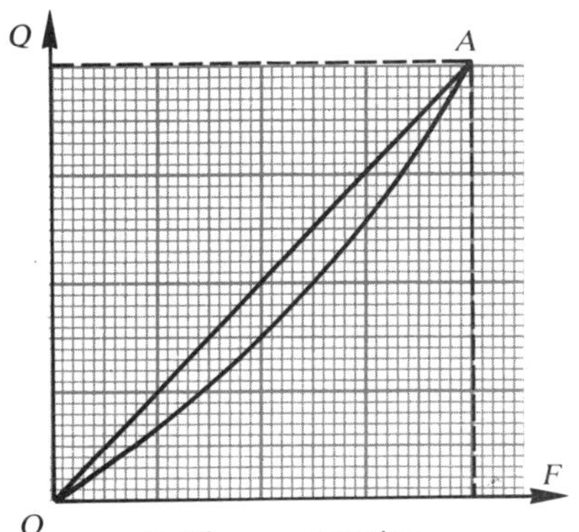

Faible concentration

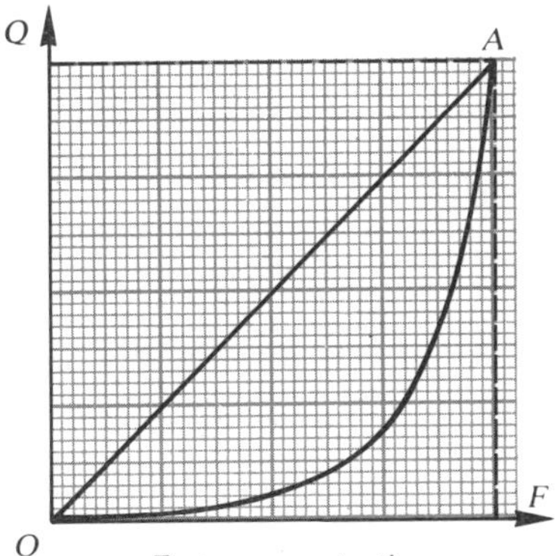

Forte concentration

• ***Détermination graphique de la médiale***

On détermine la proportion F_i d'individus se partageant 50 % de la masse totale des valeurs globales à l'aide de la courbe de concentration. Puis en reportant la valeur F_i sur la courbe des fréquences cumulées, on obtient la valeur de la médiale sur l'axe des abscisses.

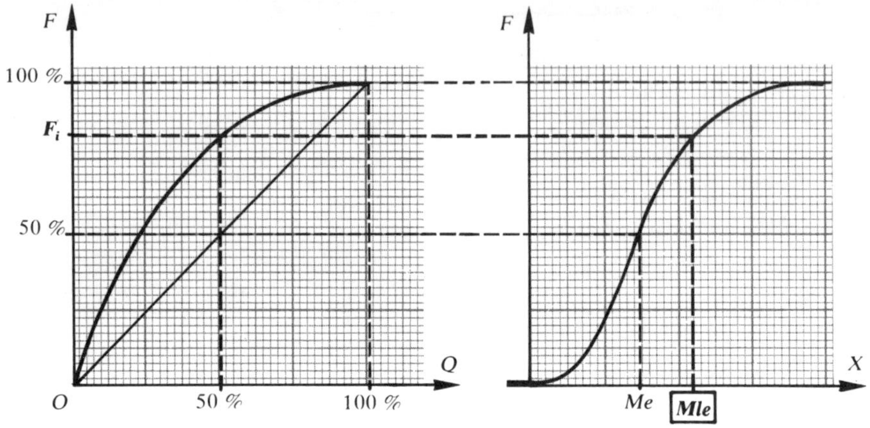

Attention : pour des commodités de lecture du graphique, on a porté Q en abscisse et F en ordonnée.

■ L'INDICE DE CONCENTRATION

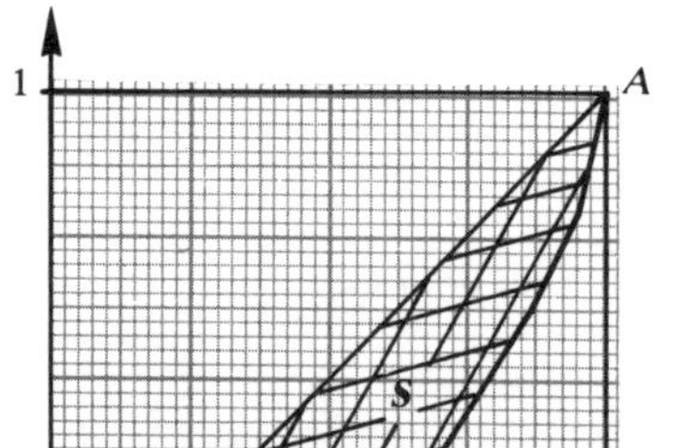

• ***Aire de concentration***

On appelle aire de concentration l'aire ***S*** comprise entre la courbe de concentration et la diagonale OA du carré.

• ***Indice de concentration***

On appelle indice de concentration ***i*** (ou **indice de Gini**) le rapport de l'aire S à l'aire du triangle OAB.
C'est un nombre sans dimension, toujours compris entre 0 et 1. Plus la valeur de i est grande, plus la concentration est forte.

• ***Détermination graphique de l'indice de Gini***

1) On trace la courbe de concentration sur papier millimétré (1 mm = 1 %), puis on évalue l'aire S de concentration en mm² ou cm²; alors :

$$i = 2 \times S/100 \quad \text{si } S \text{ est en cm}^2$$
$$i = 2 \times S/10\,000 \quad \text{si } S \text{ est en mm}^2$$

2) On utilise un instrument spécialement conçu qui détermine automatiquement i en suivant le périmètre de l'aire de concentration, après étalonnage et fixation à l'origine du repère.

• ***Détermination numérique de l'indice de Gini***

1) A partir du tableau statistique, après calcul des f_j, F_j, q_j, Q_j.

– **Méthode des triangles** (voir problème **10**) : $i = \sum_{j=1}^{r-1} (F_j Q_{j+1} - F_{j+1} Q_j)$ (r = nombre de classes).

– **Méthode des trapèzes :** $i = 1 - \left[(f_1 Q_1) + \sum_{j=2}^{r} f_j (Q_{j-1} + Q_j) \right]$

2) A partir du tableau statistique, sans calcul des f_i, F_i, q_i, Q_i.

On appelle **différence moyenne** le nombre : $DM = \frac{1}{n^2} \sum_{i,j=1}^{r} n_i n_j |x_j - x_i|$

On a alors : $i = \frac{DM}{2\bar{x}} = \frac{\Delta}{\bar{x}}$ où $\Delta = \frac{DM}{2} = \frac{1}{n^2} \sum_{i<j} n_i n_j (x_j - x_i)$

3) Par intégration de la fonction de concentration g, si on la connaît !
g est telle que, pour tout j, $Q_j = g(F_j)$. On a alors :

$$i = 1 - 2 \int_0^1 g(x)\,\mathrm{d}x \quad \text{ou} \quad i = 2 \int_0^1 [x - g(x)]\,\mathrm{d}x$$

EXERCICES

■ MÉDIALE

1. Soit le tableau de distribution suivant. Calculer les valeurs globales, sachant que l'effectif total est $n = 1\,000$.

CLASSES	[5; 15[	[15; 25[	[25; 35[	[35; 45[	[45; 55[	[55; 65[
FRÉQUENCES	0,152	0,198	0,251	0,276	0,093	0,030

Réponse :

Par définition, les valeurs globales sont les $n_i x_i$, où n_i est l'effectif de la classe de centre x_i.
Par ailleurs :
$n_i = n \cdot f_i = 1\,000 f_i$
D'où le tableau ci-contre.

CLASSES	x_i	n_i	$n_i x_i$
[5; 15[	10	152	1 520
[15; 25[	20	198	3 960
[25; 35[	30	251	7 530
[35; 45[	40	276	11 040
[45; 55[	50	93	4 650
[55; 65[	60	30	1 800

2. Pour le tableau de distribution suivant, calculer les valeurs globales, les valeurs globales relatives, les valeurs globales relatives cumulées croissantes.

CLASSES	EFFECTIFS
[10; 20[	56
[20; 30[	162
[30; 35[	198
[35; 40[	260
[40; 45[	174
[45; 50[	102
[50; 60[	30
[60; 70[	18

Réponses :

CLASSES	CENTRES x_i	EFFECTIFS n_i	VAL. GLOB. $n_i x_i$	V.G. REL. q_i	V.G. CUM. Q_i
[10; 20[	15	56	840	0,023 246 2	0,023 246 2
[20; 30[	25	162	4 050	0,112 079 7	0,135 325 9
[30; 35[	32,5	198	6 435	0,178 082 2	0,313 408 1
[35; 40[	37,5	260	9 750	0,269 821 5	0,583 229 6
[40; 45[	42,5	174	7 395	0,204 649 2	0,787 878 8
[45; 50[	47,5	102	4 845	0,134 080 5	0,921 959 3
[50; 60[	55	30	1 650	0,045 662 1	0,967 621 4
[60; 70[	65	18	1 170	0,032 378 6	1,000 000 0
Total		**1 000**	**36 135**	**1,000 000 0**	

3. Une enquête sur la répartition des ménages suivant le revenu par personne a permis d'établir le tableau statistique suivant :

CLASSES DE REVENU (mensuel)	NOMBRE DE MÉNAGES
$2\,750 \leqslant R < 3\,250$	7 200
$3\,250 \leqslant R < 3\,750$	10 200
$3\,750 \leqslant R < 4\,250$	10 800
$4\,250 \leqslant R < 5\,750$	22 800
$5\,750 \leqslant R < 7\,250$	24 000
$7\,250 \leqslant R < 7\,750$	9 000
$7\,750 \leqslant R < 8\,250$	13 200
$8\,250 \leqslant R < 8\,750$	9 600
$8\,750 \leqslant R < 10\,250$	5 400
$10\,250 \leqslant R < 11\,750$	2 400
$11\,750 \leqslant R < 13\,250$	3 600
$13\,250 \leqslant R < 14\,750$	1 200
$14\,750 \leqslant R < 17\,250$	600

Calculer la médiale.

Réponse :

• **Solution 1 :** On dresse le tableau

CLASSES	CENTRES x_i	EFFECTIFS n_i	VAL. GLOB. $n_i x_i$	VAL. GLOB. CUM.
[2 750; 3 250[	3 000	7 200	21 600 000	21 600 000
[3 250; 3 750[	3 500	10 200	35 700 000	57 300 000
[3 750; 4 250[	4 000	10 800	43 200 000	100 500 000
[4 250; 5 750[	5 000	22 800	114 000 000	214 500 000
[5 750; 7 250[	6 500	24 000	156 000 000	370 500 000
[7 250; 7 750[	7 500	9 000	67 500 000	438 000 000
[7 750; 8 250[	8 000	13 200	105 600 000	543 600 000
[8 250; 8 750[	8 500	9 600	81 600 000	625 200 000
[8 750; 10 250[	9 500	5 400	51 300 000	676 500 000
[10 250; 11 750[	11 000	2 400	26 400 000	702 900 000
[11 750; 13 250[	12 500	3 600	45 000 000	747 900 000
[13 250; 14 750[	14 000	1 200	16 800 000	764 700 000
[14 750; 17 250[	16 000	600	9 600 000	774 300 000
Total		**120 000**	**774 300 000**	

La médiale est la valeur de R pour laquelle les valeurs globales cumulées atteignent 774 300 000/2 = 387 150 000. Cette valeur se trouve dans la classe [7 250; 7 750[. En procédant par interpolation linéaire, on obtient :

$$Mle = 7\,250 + \frac{387\,150\,000 - 370\,500\,000}{67\,500\,000} \times 500 \approx 7\,373{,}33 \text{ F}$$

• **Solution 2 :** On peut considérablement simplifier les calculs par des changements de variables appropriés. On dresse le tableau :

CLASSES DE REVENU	NOMBRE DE MÉNAGES n_i	CENTRE DE CLASSE x_i	$x'_i = \frac{x_i}{500}$	$n'_i = \frac{n_i}{600}$	$n'_i x'_i$	$n'_i x'_i$ *cumulés*
[2 750; 3 250[	7 200	3 000	6	12	72	72
[3 250; 3 750[	10 200	3 500	7	17	119	191
[3 750; 4 250[	10 800	4 000	8	18	144	335
[4 250; 5 750[	22 800	5 000	10	38	380	715
[5 750; 7 250[	24 000	6 500	13	40	520	1 235
[7 250; 7 750[	9 000	7 500	15	15	225	1 460
[7 750; 8 250[	13200	8 000	16	22	352	1 812
[8 250; 8 750[	9 600	8 500	17	16	272	2 084
[8 750; 10 250[	5 400	9 500	19	9	171	2 255
[10 250; 11 750[	2 400	11 000	22	4	88	2 343
[11 750; 13 250[	3 600	12 500	25	6	150	2 493
[13 250; 14 750[	1 200	14 000	28	2	56	2 549
[14 750; 17 250[	600	16 000	32	1	32	2 581
Total					**2 581**	

Le revenu médial est alors celui pour lequel les nouvelles valeurs globales atteignent $2\,581/2 = 1\,290{,}5$.
On obtient par interpolation linéaire :

$$Mle = 7\,250 + \frac{1\,290{,}5 - 1\,235}{225} \times 500 \approx 7\,373{,}33 \text{ F}$$

Remarque : Ces interpolations ont été faites sur les valeurs globales cumulées et non sur les valeurs globales relatives cumulées.

▪ COURBE DE CONCENTRATION

4. Tracer la courbe de concentration relative aux données suivantes sur papier millimétré (1 mm = 1 %) et calculer l'indice de Gini correspondant.

CENTRES x_i	EFFECTIFS n_i
5	200
15	200
25	200
35	200
45	200
	1 000

Réponse :

La courbe de concentration est la représentation graphique de la fonction de concentration définie par : $Q_i = g(F_i)$.
Les F_i et Q_i sont calculés à l'aide du tableau suivant :

VAL. GLOB. $n_i x_i$	FREQ. REL. f_i	FREQ. CUM. F_i	V. G. REL. q_i	V. G. CUM. Q_i	METH. DES TRIANGLES
1 000	0,2	0,2	0,04	0,04	0,016
3 000	0,2	0,4	0,12	0,16	0,048
5 000	0,2	0,6	0,20	0,36	0,096
7 000	0,2	0,8	0,28	0,64	0,160
9 000	0,2	1,0	0,36	1,00	
25 000	**1,0**		**1,00**		**0,32**

L'indice de Gini calculé par la méthode des triangles est égal à 0,32. On obtient la courbe de concentration, en portant les F_i en abscisses et les Q_i en ordonnées (voir graphique page suivante).

L'indice de Gini peut être obtenu en évaluant l'aire de la surface de concentration S sur la figure. On trouve ici :

$$S \approx 1\,558 \text{ mm}^2$$

$$\text{d'où} \quad i = \frac{2 \times S}{10\,000} \approx 0{,}311\,6$$

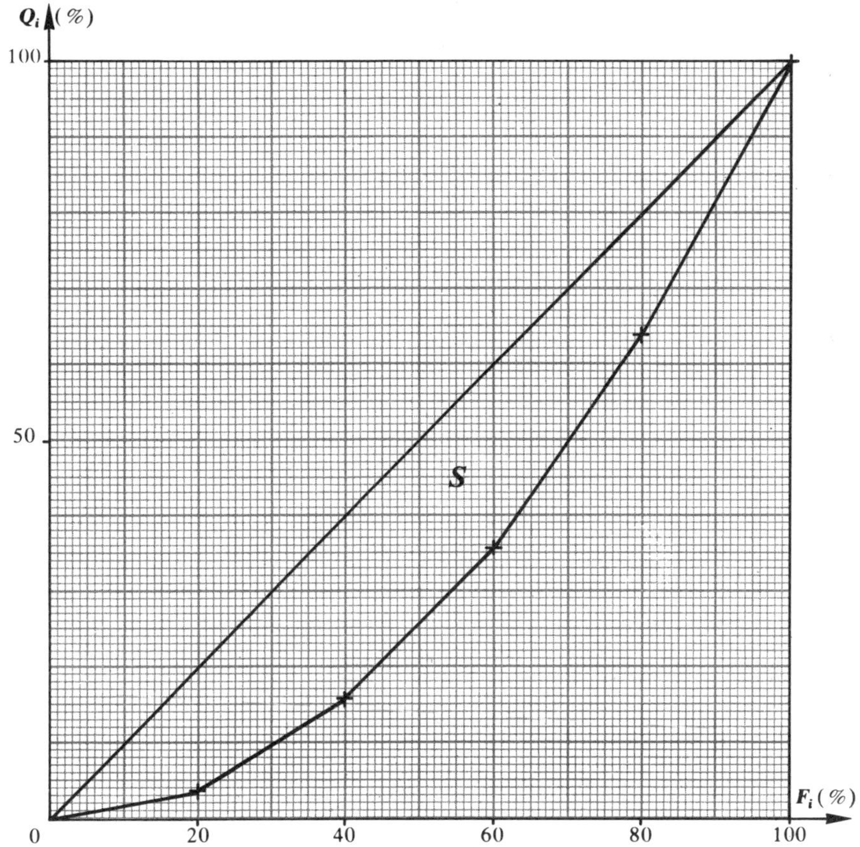

■ **INDICE DE CONCENTRATION**

5. Calculer la différence moyenne de la distribution suivante; en déduire son indice de Gini.

CLASSES	x_i	n_i
[1; 2[	1,5	16
[2; 3[	2,5	20
[3; 4[	3,5	72
[4; 5[	4,5	46
[5; 6[	5,5	22
[6; 7[	6,5	14
[7; 8[	7,5	8
[8; 9[	8,5	2
Total		**200**

Réponse :

La différence moyenne peut se calculer à l'aide du tableau suivant :

x_i	n_i	$n_i x_i$	$n_i n_1 \lvert x_i - x_1 \rvert$	...	...	...	...	...	...	$n_i n_8 \lvert x_i - x_8 \rvert$
1,5	16	24	0	320	2 304	2 208	1 408	1 120	768	224
2,5	20	50	320	0	1 440	1 840	1 320	1 120	800	240
3,5	72	252	2 304	1 440	0	3 312	3 168	3 024	2 304	720
4,5	46	207	2 208	1 840	3 312	0	1 012	1 288	1 104	368
5,5	22	121	1 408	1 320	3 168	1 012	0	308	352	132
6,5	14	91	1 120	1 120	3 024	1 288	308	0	112	56
7,5	8	60	768	800	2 304	1 104	352	112	0	16
8,5	2	17	224	240	720	368	132	56	16	0
Total		**822**	**8 352**	**7 080**	**16 272**	**11 132**	**7 700**	**7 028**	**5 456**	**1 756**

On trouve :

$$DM = \frac{1}{200^2}(8\,352 + 7\,080 + 16\,272 + 11\,132 + 7\,700 + 7\,028 + 5\,456 + 1\,756)$$

$$DM = \frac{64\,776}{200^2} \approx 1{,}62$$

En fait, les calculs se simplifient en ne considérant qu'une moitié du tableau :

$n_i x_i$	$n_i n_1 \lvert x_i - x_1 \rvert$	...	...	...	...	...	$n_i n_7 \lvert x_i - x_7 \rvert$
24	0						
50	320	0					
252	2 304	1 440	0				
207	2 208	1 840	3 312	0			
121	1 408	1 320	3 168	1 012	0		
91	1 120	1 120	3 024	1 288	308	0	
60	768	800	2 304	1 104	352	112	0
17	224	240	720	368	132	56	16
822	**8 352**	**6 760**	**12 528**	**3 772**	**792**	**168**	**16**

On trouve alors :

$$\Delta = \frac{1}{200^2}(8\,352 + 6\,760 + 12\,528 + 3\,772 + 792 + 168 + 16)$$

$$\Delta = \frac{32\,388}{200^2} \approx 0{,}81; \quad \text{donc} \quad DM = 2\Delta = 1{,}62.$$

Par ailleurs, la moyenne arithmétique de la distribution est :

$$\bar{x} = \frac{\sum_{i=1}^{r} n_i x_i}{\sum_{i=1}^{r} n_i} = \frac{822}{200} = 4{,}11$$

On en déduit l'indice de Gini :

$$i = \frac{DM}{2\bar{x}} = \frac{1{,}62}{2 \times 4{,}11} \approx 0{,}197 \quad \text{ou} \quad i = \frac{\Delta}{\bar{x}} = \frac{0{,}81}{4{,}11} \approx 0{,}197$$

6. On donne le tableau de fréquences suivant; calculer l'indice de concentration de cette distribution.

x_j	f_j
10	0,09
20	0,15
30	0,23
40	0,21
50	0,14
60	0,09
70	0,05
80	0,04

Réponse :

On dresse le tableau suivant :

x_j	f_j	F_j	$f_j x_j$	q_j	Q_j	$F_j Q_{j+1} - F_{j+1} Q_j$
10	0,09	0,09	0,90	0,02	0,02	0,004 2
20	0,15	0,24	3,00	0,08	0,10	0,020 2
30	0,23	0,47	6,90	0,18	0,28	0,044 6
40	0,21	0,68	8,40	0,22	0,50	0,052 4
50	0,14	0,82	7,00	0,18	0,68	0,061 8
60	0,09	0,91	5,40	0,14	0,83	0,040 4
70	0,05	0,96	3,50	0,09	0,92	0,040 0
80	0,04	1	3,20	0,08	1,00	
Total	**1**		**38,30**			**0,263 6**

On trouve (par la méthode des triangles) : $i = 0{,}263\,6$

Remarque : les q_j sont calculés en divisant $f_j x_j$ par 38,30

7. Des deux distributions suivantes, laquelle est la plus concentrée?

distribution 1

CENTRE x_j	EFFECTIF n_j
10	123
20	189
30	217
40	184
50	118
60	95
70	52
80	22
	1 000

distribution 2

CENTRE x_j	EFFECTIF n'_j
10	103
20	189
30	217
40	184
50	118
60	95
70	52
80	42
	1 000

Réponse :

Ces deux distributions ne diffèrent que par le « transfert » de 20 individus de la première à la dernière classe. Les tableaux ci-dessous donnent le calcul de leur indice de Gini par la méthode des triangles. On constate que la distribution 1 est légèrement plus concentrée.

Distribution 1 :

f_j	F_j	$f_j x_j$	q_j	Q_j	$F_j Q_{j+1} - F_{j+1} Q_j$
0,123	0,123	1,23	0,034 280 9	0,034 280 9	0,006 479 1
0,189	0,312	3,78	0,105 351 2	0,139 632 1	0,026 308 5
0,217	0,529	6,51	0,181 438 1	0,321 070 2	0,049 435 9
0,184	0,713	7,36	0,205 128 2	0,526 198 4	0,055 152 2
0,118	0,831	5,9	0,164 437 0	0,690 635 5	0,066 404 7
0,095	0,926	5,7	0,158 862 9	0,849 498 3	0,049 768 1
0,052	0,978	3,64	0,101 449 3	0,950 947 6	0,027 052 4
0,022	1	1,76	0,049 052 4	1	
1		**35,88**			i = **0,280 600 9**

Distribution 2 :

f'_j	F'_j	$f'_j x_j$	q'_j	Q'_j	$F'_j Q'_{j+1} - F'_{j+1} Q'_j$
0,103	0,103	1,03	0,027 628 8	0,027 628 8	0,005 221 8
0,189	0,292	3,78	0,101 394 8	0,129 023 6	0,022 992 2
0,217	0,509	6,51	0,174 624 5	0,303 648 1	0,044 618 0
0,184	0,693	7,36	0,197 424 9	0,501 073 0	0,050 548 8
0,118	0,811	5,9	0,158 261 8	0,659 334 8	0,061 362 7
0,095	0,906	5,7	0,152 897 0	0,812 231 8	0,046 225 3
0,052	0,958	3,64	0,097 639 5	0,909 871 2	0,048 128 8
0,042	1	3,36	0,090 128 8	1	
1		**37,28**			i = **0,279 097 6**

8. On s'intéresse à la concentration des entreprises de commerce dont le chiffre d'affaires (CA), l'an passé, était inférieur à 3 000 000 kF. L'étude statistique et théorique permet de supposer que :

$$Q(x) = (F(x))^3$$

où $F(x)$ représente la proportion d'entreprises dont le CA ne dépasse pas x,
et $Q(x)$ le rapport (en pourcentage) entre le CA réalisé par toutes les entreprises dont le CA ne dépasse pas x et le CA réalisé par toutes les entreprises de CA inférieur à 3 000 000 kF.
En déduire l'indice de concentration.

Réponse :

On connait g, la fonction de concentration qui lie les valeurs globales relatives cumulées $Q(x)$ aux fréquences relatives cumulées $F(x)$; par conséquent l'indice de concentration peut se calculer par intégration :

$$Q = g(F) = F^3$$

d'où $$i = 1 - 2\int_0^1 F^3\,\mathrm{d}F = 1 - 2\left[\frac{F^4}{4}\right]_0^1 = 1 - 2 \times \frac{1}{4} = \frac{1}{2}$$

ou $$i = 2\int_0^1 (F - F^3)\,\mathrm{d}F = 2\left[\frac{F^2}{2} - \frac{F^4}{4}\right]_0^1 = 2 \times \left(\frac{1}{2} - \frac{1}{4}\right) = \frac{1}{2}$$

PROBLÈMES (énoncés)

9. Le tableau suivant donne la répartition d'une population relativement au montant de ses impôts directs :

CLASSES D'IMPOSITION (en F)	NOMBRE DE MÉNAGES
$4\,250 \leqslant I < 6\,750$	14 000
$6\,750 \leqslant I < 9\,250$	25 900
$9\,250 \leqslant I < 9\,750$	36 400
$9\,750 \leqslant I < 10\,250$	42 000
$10\,250 \leqslant I < 10\,750$	47 600
$10\,750 \leqslant I < 11\,250$	52 500
$11\,250 \leqslant I < 11\,750$	45 500
$11\,750 \leqslant I < 12\,250$	35 000
$12\,250 \leqslant I < 12\,750$	24 500
$12\,750 \leqslant I < 13\,250$	15 400
$13\,250 \leqslant I < 13\,750$	6 300
$13\,750 \leqslant I < 15\,250$	2 800
$15\,250 \leqslant I < 16\,750$	1 400
$16\,750 \leqslant I < 20\,250$	700

1° Calculer la médiale de cette distribution.
2° Déterminer le pourcentage de la population payant un impôt inférieur à l'impôt médial.

10. Démontrer la formule du calcul de l'indice de Gini par la méthode des triangles :

$$i = \sum_{j=1}^{r-1} (F_j Q_{j+1} - F_{j+1} Q_j)$$

11. On a étudié durant une année les dépôts de 6 000 clients sur leur compte épargne, dans une même banque. Les résultats sont consignés dans le tableau suivant :

DÉPÔTS (en F)	NOMBRE DE CLIENTS
[0; 4 000[	270
[4 000; 6 000[	330
[6 000; 8 000[	630
[8 000; 10 000[	600
[10 000; 14 000[	1 020
[14 000; 16 000[	870
[16 000; 20 000[	780
[20 000; 30 000[	540
[30 000; 40 000[	450
[40 000; 50 000[	300
[50 000; 60 000[	150
[60 000; 100 000[	60

1° Calculer la médiale de cette distribution.
2° Calculer son indice de concentration.
3° Tracer la courbe de concentration et interpréter.

PROBLÈMES (solutions)

9. **1°** Pour calculer la médiale, on utilise des changements de variables astucieux et on complète le tableau suivant :

CENTRES x_i	EFFECTIFS n_i	$x_i/500$ x'_i	$n_i/700$ n'_i	$n'_i x'_i$	$n'_i x'_i$ *cumulés*
5 500	14 000	11	20	220	220
8 000	25 900	16	37	592	812
9 500	36 400	19	52	988	1 800
10 000	42 000	20	60	1 200	3 000
10 500	47 600	21	68	1 428	4 428
11 000	52 500	22	75	1 650	6 078
11 500	45 500	23	65	1 495	7 573
12 000	35 000	24	50	1 200	8 773
12 500	24 500	25	35	875	9 648
13 000	15 400	26	22	572	10 220
13 500	6 300	27	9	243	10 463
14 500	2 800	29	4	116	10 579
16 000	1 400	32	2	64	10 643
18 500	700	37	1	37	10 680

La médiale est la valeur de I pour laquelle les valeurs globales cumulées (réduites) atteignent 10 680/2 = 5 340. Cette valeur est dans la classe [10 750; 11 250[. On la trouve par interpolation linéaire :

$$Mle = 10\,750 + \frac{5\,340 - 4\,428}{1\,650} \times 500 = 10\,750 + 276{,}36 = 11\ 026{,}36 \text{ F}$$

2° On cherche le pourcentage de ménages payant un impôt inférieur à l'impôt médial 11 026,36 F. On peut continuer à raisonner avec les n'_i :

20 + 37 + 52 + 60 + 68 = 237 ménages paient un impôt inférieur à 10 750 F.

75 ménages paient entre 10 750 F et 11 250 F (variation = 500 F). On suppose qu'ils sont uniformément répartis dans cette classe et on procède par interpolation linéaire pour déterminer le nombre de ménages payant entre 10 750 F et 11 026,36 F (variation = 276,36 F), soit :

$$\frac{75 \times 276{,}36}{500} = 41{,}454 \approx 41$$

Le nombre de ménages payant un impôt inférieur à l'impôt médial est donc : 237 + 41 = 278. Le nombre total de ménages étant égal à 500, le pourcentage cherché est : $\frac{278}{500} \times 100 = 55{,}6$ %.

10. Soit S = aire de concentration
Notons X_j les points de coordonnées (F_j, Q_j).
Par définition, $i = 2 \times S$ (en prenant pour unité le carré de côté 100 %).
Donc $i = 2 \times \text{aire } (OX_1X_2 \ldots X_{r-1}X_r)$
$= 2 \times [\text{aire } (OX_1X_2) + \text{aire}(OX_2X_3) + \ldots + \text{aire } (OX_{r-1}X_r)]$

Or on démontre que l'aire d'un triangle ABC est égale au déterminant des vecteurs $\overrightarrow{AB}$ et $\overrightarrow{AC}$ divisé par 2.

Donc, pour tout $j = 1 \ldots r - 1$:

$$\text{aire } (OX_jX_{j+1}) = \frac{1}{2} \det (\overrightarrow{OX}_j, \overrightarrow{OX}_{j+1}) = \frac{1}{2} \begin{vmatrix} F_j & F_{j+1} \\ Q_j & Q_{j+1} \end{vmatrix} = \frac{1}{2} (F_jQ_{j+1} - F_{j+1}Q_j)$$

On en déduit immédiatement la formule annoncée par sommation.

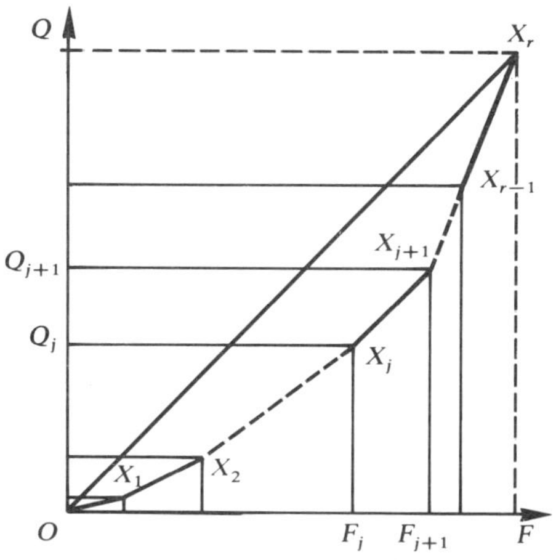

11. Pour calculer la médiale et l'indice de Gini, on dresse le tableau suivant en simplifiant les calculs par des changements de variables appropriés :

CENTRES x_i	EFFECTIFS n_i	$x'_i = x_i/1000$	$n'_i = n_i/30$	f_i	F_i	$n'_i x'_i$	$n'_i x'_i$ *cumulés*	Q_i	$F_i Q_{i+1} - F_{i+1} Q_i$
2 000	270	2	9	0,045	0,045	18	18	0,005 0	0,000 4
5 000	330	5	11	0,055	0,100	55	73	0,020 4	0,002 0
7 000	630	7	21	0,105	0,205	147	220	0,061 6	0,004 2
9 000	600	9	20	0,100	0,305	180	400	0,112 0	0,015 8
12 000	1 020	12	34	0,170	0,475	408	808	0,226 3	0,025 1
15 000	870	15	29	0,145	0,620	435	1 243	0,348 1	0,036 0
18 000	780	18	26	0,130	0,750	468	1 711	0,479 1	0,051 4
25 000	540	25	18	0,090	0,840	450	2 161	0,605 2	0,078 1
35 000	450	35	15	0,075	0,915	525	2 686	0,752 2	0,077 7
45 000	300	45	10	0,050	0,965	450	3 136	0,878 2	0,052 4
55 000	150	55	5	0,025	0,990	275	3 411	0,955 2	0,034 8
80 000	60	80	2	0,010	1,000	160	3 571	1,000 0	
	6 000		**200**	**1,000**		**3 571**			**0,377 9**

1° La médiale est la valeur du caractère « montant des dépôts » pour laquelle les valeurs globales relatives cumulées atteignent 50 %.
Cette valeur appartient à la classe [20 000; 30 000[. On la calcule par interpolation linéaire :

$$Mle = 20\,000 + 10\,000\,\frac{0{,}5 - 0{,}479\,1}{0{,}605\,2 - 0{,}479\,1} \approx 21\,657 \text{ F}$$

2° L'indice de concentration est calculé par la méthode des triangles (voir tableau).
On trouve : $i = 0{,}377\,9$

LES INDICES

6

- LES INDICES ÉLÉMENTAIRES
- LES INDICES SYNTHÉTIQUES
- LES INDICES-CHAÎNES

Les indices sont des nombres sans dimension qui facilitent la comparaison d'observations quantitatives faites dans des situations différentes (périodes, dates, endroits ou groupes différents). On les exprime souvent en pourcentage.

LES INDICES ÉLÉMENTAIRES

Définitions et notations

L'indice d'évolution d'une variable x entre la situation 0 (dite **«de base»** ou **«de référence»**) et la situation t (dite **«courante»**) est :

$$\boldsymbol{i(x)_{t/0} = \frac{x_t}{x_0}} \quad \text{ou} \quad \boldsymbol{I(x)_{t/0} = \frac{x_t}{x_0} \times 100}$$

(On notera toujours par une lettre minuscule un indice exprimé par un quotient de deux valeurs de la variable et par une lettre majuscule un indice exprimé en pourcentage.)

Remarque : $i_{0/0} = 1$ ou $I_{0/0} = 100$

Propriétés

Les indices élémentaires vérifient les propriétés suivantes :

– **Réversibilité :** Un indice est réversible s'il vérifie, quel que soit t :

$$i(x)_{t/0} \cdot i(x)_{0/t} = 1 \quad \text{ou} \quad I(x)_{t/0} \cdot I(x)_{0/t} = 100^2$$

– **Transitivité :** Un indice est transitif (ou enchaînable) s'il vérifie, quels que soient r, s, t :

$$i(x)_{r/s} \cdot i(x)_{s/t} = i(x)_{r/t} \quad \text{ou} \quad I(x)_{r/s} \cdot I(x)_{s/t} = 100\, I(x)_{r/t}$$

– **Produit :** Soit trois variables x, y, z telles que $z = xy$; alors on a, quel que soit t :

$$i(z)_{t/0} = i(x)_{t/0}\, i(y)_{t/0}$$

- ***Pourcentage de variation***

On appelle pourcentage de variation le nombre :

$$PV_{t/0} = \frac{x_t - x_0}{x_0} \times 100$$

$PV > 0$: augmentation de la variable.
$PV < 0$: diminution de la variable.

Quel que soit t, on a : $PV_{t/0} = I_{t/0} - 100 = 100(i_{t/0} - 1)$

■ LES INDICES SYNTHÉTIQUES

Les indices synthétiques sont des « résumés numériques » de la série des indices élémentaires d'un ensemble fini de variables (de même nature ou non), évoluant entre une situation de base 0 et une situation courante t. Le plus souvent ces variables sont des prix p, des quantités (ou volumes) q, des valeurs $v = pq$.

- ***Coefficients budgétaires***

Soit n produits P_j dont on connaît prix et quantités à deux périodes différentes; on appelle coefficient budgétaire du produit P_j, par rapport à l'une de ces périodes, la part représentée par la valeur (prix × quantité) de ce produit à cette période relativement à la valeur totale de tous les produits à cette même période. On note :

– par rapport à la période de base : $$c_{j,0} = \frac{p_{j,0}q_{j,0}}{\sum_{j=1}^{n} p_{j,0}q_{j,0}}$$

– par rapport à la période courante : $$c_{j,t} = \frac{p_{jt}q_{j,t}}{\sum_{j=1}^{n} p_{j,t}q_{j,t}}$$

Remarque : la somme des coefficients budgétaires est toujours égale à 1.

- ***Indices de Laspeyres***

– **Indice des prix :** c'est la moyenne arithmétique des indices élémentaires des prix, pondérés par les coefficients budgétaires de la période de base.

$$L(p)_{t/0} = \sum_{j=1}^{n} c_{j,0} \cdot I(p_j)_{t/0}$$

— **Indice des quantités :** c'est la moyenne arithmétique des indices élémentaires des quantités, pondérés par les coefficients budgétaires de la période de base.

$$L(q)_{t/0} = \sum_{j=1}^{n} c_{j,0} \cdot I(q_j)_{t/0}$$

• ***Indices de Paasche***

— **Indice des prix :** c'est la moyenne harmonique des indices élémentaires des prix, pondérés par les coefficients budgétaires de la période courante.

$$\frac{1}{P(p)_{t/0}} = \sum_{j=1}^{n} c_{j,t} \cdot \frac{1}{I(p_j)_{t/0}}$$

— **Indice des quantités :** c'est la moyenne harmonique des indices élémentaires des quantités, pondérés par les coefficients budgétaires de la période courante.

$$\frac{1}{P(q)_{t/0}} = \sum_{j=1}^{n} c_{j,t} \cdot \frac{1}{I(q_j)_{t/0}}$$

• ***Formules de calcul***

Ces calculs peuvent être simplifiés en utilisant les formules suivantes :

$$L(p)_{t/0} = \frac{\sum_{j=1}^{n} p_{j,t} \cdot q_{j,0}}{\sum_{j=1}^{n} p_{j,0} \cdot q_{j,0}} \times 100 \qquad P(p)_{t/0} = \frac{\sum_{j=1}^{n} p_{j,t} \cdot q_{j,t}}{\sum_{j=1}^{n} p_{j,0} \cdot q_{j,t}} \times 100$$

$$L(q)_{t/0} = \frac{\sum_{j=1}^{n} p_{j,0} \cdot q_{j,t}}{\sum_{j=1}^{n} p_{j,0} \cdot q_{j,0}} \times 100 \qquad P(q)_{t/0} = \frac{\sum_{j=1}^{n} p_{j,t} \cdot q_{j,t}}{\sum_{j=1}^{n} p_{j,t} \cdot q_{j,0}} \times 100$$

• *ATTENTION!* Les indices de Laspeyres et de Paasche ne sont pas transitifs, donc non réversibles; mais on a :

$$L_{0/t} = \frac{1}{P_{t/0}} \quad \text{et} \quad P_{0/t} = \frac{1}{L_{t/0}}$$

• ***Agrégation***

Soit un ensemble de produits répartis en plusieurs groupes.
L'indice de Laspeyres d'ensemble est égal à l'indice de Laspeyres des indices de Laspeyres de chaque groupe de constituants.
De même, l'indice de Paasche d'ensemble est égal à l'indice de Paasche des indices de Paasche de chaque groupe de constituants.

▪ LES INDICES-CHAÎNES

Considérons une suite de dates : 0, 1, 2, ..., n et une suite d'indices, exprimés en base 100 de l'année précédente : $I_{1/0}, I_{2/1}, ..., I_{n/n-1}$
On construit une suite d'indices-chaînes, $CI_{1/0}, \quad CI_{2/0}, ..., CI_{n/0}$ base 100 à la date 0 de la façon suivante :

$$CI_{1/0} = I_{1/0}$$
$$CI_{2/0} = CI_{1/0} \cdot i_{2/1}$$
$$\cdots\cdots\cdots\cdots\cdots$$
$$\cdots\cdots\cdots\cdots\cdots$$
$$CI_{n/0} = CI_{n-1/0} \cdot i_{n/n-1}$$

Ainsi $\forall t \in \{1, ..., n\} : CI_{t/0} = \frac{1}{100^{t-1}} \prod_{k=1}^{t} I_{k/k-1} = 100 \prod_{k=1}^{t} i_{k/k-1}$

On obtient alors facilement l'indice relatif à deux dates quelconques de la suite, puisque :

$$\forall t, t' \in \{1, ..., n\}, \quad \frac{CI_{t'/0}}{CI_{t/0}} = i_{t'/t}$$

EXERCICES

▪ INDICES ÉLÉMENTAIRES

1. Calculer les indices élémentaires de la variable g, « gain moyen annuel », relatifs aux catégories du tableau suivant, en prenant pour base 100 la catégorie des ouvriers de l'industrie.
Commenter les résultats.

CATÉGORIES	SECTEURS D'ACTIVITÉ	GAIN MOYEN ANNUEL (F)*
Ouvriers	Industrie	38 089
	B.T.P.	36 991
Employés d'exécution	Commerce	37 562
	Banques Assurances	47 603
	Industrie	45 268
Assistants	Commerce	58 312
	Banques Assurances	68 630
Maîtrise	Industrie	64 909
Cadres	Industrie	121 409

* Gain annuel moyen = gain brut versé pendant l'année 1978, y compris primes et gratifications non mensuelles.

(Source : INSEE)

Réponse :

Les variations ne portent pas ici sur des périodes mais sur des groupes différents, la « situation » de base étant la catégorie des ouvriers de l'industrie. On a porté les résultats, arrondis en nombres entiers, dans le tableau suivant :

CATÉGORIES	SECTEURS D'ACTIVITÉ	GAIN MOYEN ANNUEL (F)	INDICES
Ouvriers	Industrie	38 089	100
	B.T.P.	36 991	97
Employés d'exécution	Commerce	37 562	99
	Banques Assurances	47 603	125
	Industrie	45 268	119
Assistants	Commerce	58 312	153
	Banques Assurances	68 630	180
Maîtrise	Industrie	64 909	170
Cadres	Industrie	121 409	319

On pourra remarquer, par exemple, que les cadres de l'industrie gagnent trois fois plus que les ouvriers de l'industrie, en relevant un indice égal à 319.

2. Le tableau ci-contre donne l'évolution des frais de personnel (en kF) d'une entreprise commerciale entre 1984 et 1991.
Quel service a vu ses frais de personnel augmenter le plus rapidement sur la période considérée? Lequel les a vus augmenter le moins rapidement?

	1984	*1991*
Direction	8 500	16 300
Personnel	12 300	32 700
Finances	5 200	11 700
Administration	26 600	63 150
Marketing	3 600	8 500

Réponse :

Calculons, pour chaque service, les indices élémentaires des frais (base 100 en 84) :

I (Direction) = 16 300 × 100/8 500 ≈ 192
I (Personnel) = 32 700 × 100/12 300 ≈ 266
I (Finances) = 11 700 × 100/5 200 = 225
I (Administration) = 63 150 × 100/26 600 ≈ 237
I (Marketing) = 8 500 × 100/3 600 ≈ 236

Les frais de personnel du service du « Personnel » ont augmenté le plus rapidement (166 % en 7 ans); ceux du service « Direction » ont augmenté le moins rapidement (92 % en 7 ans).

Remarque : cette évolution peut provenir, par exemple, d'une réduction d'effectif plus grande à la « Direction » que pour le « Personnel ».

3. On connaît deux valeurs de l'indice élémentaire du prix d'un certain produit :

$$i(p)_{89/84} = 1{,}41$$
$$i(p)_{91/84} = 1{,}62$$

Pouvez-vous en déduire l'évolution du prix de ce produit de 1989 à 1991?

Réponse :

Les indices élémentaires sont transitifs; par conséquent :

$$i(p)_{91/84} = i(p)_{91/89} \cdot i(p)_{89/84}$$

D'où : $i(p)_{91/89} = \dfrac{i(p)_{91/84}}{i(p)_{89/84}} = \dfrac{1{,}62}{1{,}41} \approx 1{,}15$

On en déduit que le prix de ce produit a augmenté de 15 % entre 1989 et 1991.

4. En 1991, l'indice des dépenses d'un produit P est : 120 (base 100 en 1989). Durant cette même période, la quantité consommée de ce produit a augmenté de 14 %. Le prix de ce produit a-t-il augmenté ou diminué? de combien?

Réponse :

On sait que : dépense = quantité × prix

$$i(v) \quad = \quad i(q) \quad \times \; i(p)$$

Comme q augmente de 14 %, $i(q) = 1{,}14$

Donc $i(p)_{91/89} = \dfrac{1{,}20}{1{,}14} \approx 1{,}05$. Le prix a donc augmenté d'environ 5 %.

5. Une entreprise a augmenté son chiffre d'affaires, sur un produit P, de 5 % entre juin 90 et juin 91. L'indice des prix de ce produit (juin 91/juin 90) est égal à 108. Durant cette période, les quantités vendues ont-elles augmenté ou diminué? de combien?

Réponse :

On sait que : $CA = p \times q$

$$I(CA) \times 100 = I(p) \times I(q)$$

Donc $I(q) = \dfrac{I(CA) \times 100}{I(p)} = \dfrac{105 \times 100}{108} \approx 97{,}2$

$$PV(q) = I(q) - 100 = 97{,}2 - 100 = -2{,}8$$

Les ventes ont donc diminué d'environ 3 %.

6. Sachant que $i(x)_{t/0} = 1{,}60$, calculer $PV_{t/0}$ et $PV_{0/t}$.
Que peut-on en déduire?

Réponse :

Par définition : $PV_{t/0} = 100(i(x)_{t/0} - 1)$

D'où $PV_{t/0} = 60$

De même, $PV_{0/t} = 100(i(x)_{0/t} - 1)$

$= 100(1/i(x)_{t/0} - 1) = -37{,}5$

On en déduit : PV est non-réversible.

On n'a pas non plus $PV_{0/t} = -PV_{t/0}$

7. ***a)*** Un produit augmente de 15 % entre les dates 0 et 1, puis de 10 % entre les dates 1 et 2. Quelle augmentation a-t-il subi entre les dates 0 et 2?

b) Les ventes de ce produit ont diminué de 5 % entre 0 et 1, puis encore de 5 % entre 1 et 2. Quelle baisse totale, entre 0 et 2, cela représente-t-il?

Réponse :

a) On a par définition : $PV_{2/0} = 100(i_{2/0} - 1)$
Or $i_{2/0} = i_{2/1} \cdot i_{1/0}$ (transitivité)
$= 1{,}10 \times 1{,}15 = 1{,}265$
D'où $PV_{2/0} = 26{,}5$.
L'augmentation entre les dates 0 et 2 est de 26,5 %, et non pas : 10 % + 15 % = 25 %.

b) Même méthode avec : $i_{2/0} = 0{,}95 \times 0{,}95 = 0{,}902\,5$
D'où $PV = -9{,}75$.
La baisse entre les dates 0 et 2 est de 9,75 %, et non pas : 5 % + 5 % = 10 %.

▪ INDICES SYNTHÉTIQUES

8. L'indice de Bradstreet est défini par :

$$b(x)_{t/0} = \frac{\sum_{j=1}^{n} x_{j,t}}{\sum_{j=1}^{n} x_{j,0}}$$

1° Avec les données du tableau ci-dessous, calculer :

$$b(p)_{1989/1980}, \quad b(p)_{1980/1970}, \quad b(p)_{1989/1970}$$

où $p_1 = p(A) =$ prix (affranchissement)
$p_2 = p(B) =$ prix (SMIC horaire)
$p_3 = p(C) =$ prix (litre de lait)

PRODUITS	*1970*	*1980*	*1989*
A	0,40	1,40	2,20
B	3,42	13,80	29,91
C	0,95	2,51	4,90

2° L'indice $b(x)_{t/0}$ est-il réversible? transitif?

Réponses :

1° $b(p)_{1989/1980} = \dfrac{2{,}20 + 29{,}91 + 4{,}90}{1{,}40 + 13{,}80 + 2{,}51} \approx 2{,}090$

$b(p)_{1980/1970} = \dfrac{1{,}40 + 13{,}80 + 2{,}51}{0{,}40 + 3{,}42 + 0{,}95} \approx 3{,}713$

$b(p)_{1989/1970} = \dfrac{2{,}20 + 29{,}91 + 4{,}90}{0{,}40 + 3{,}42 + 0{,}95} \approx 7{,}759$

2° b est réversible; en effet :

$$b(x)_{0/t} = \frac{\sum_{j=1}^{n} x_{j,0}}{\sum_{j=1}^{n} x_{j,t}} \quad \text{donc} \quad b(x)_{t/0} \cdot b(x)_{0/t} = 1$$

– De plus il est transitif, puisque :

$$b(x)_{v/t} = \frac{\sum_{j=1}^{n} x_{j,v}}{\sum_{j=1}^{n} x_{j,t}}, \quad b(x)_{v/u} = \frac{\sum_{j=1}^{n} x_{j,v}}{\sum_{j=1}^{n} x_{j,u}}, \quad b(x)_{u/t} = \frac{\sum_{j=1}^{n} x_{j,u}}{\sum_{j=1}^{n} x_{j,t}}$$

D'où : $b(x)_{v/u} \cdot b(x)_{u/t} = \dfrac{\sum_{j=1}^{n} x_{j,v}}{\sum_{j=1}^{n} x_{j,u}} \cdot \dfrac{\sum_{j=1}^{n} x_{j,u}}{\sum_{j=1}^{n} x_{j,t}} = b(x)_{v,t}$

Remarque : Cet indice était utilisé autrefois par la statistique générale de la France comme indice des prix de gros de 45 marchandises. Non pondéré, il ne saurait convenir comme indice général des prix, les articles n'ayant pas tous la même influence sur le coût de la vie.

9. Pour trois produits P_1, P_2, P_3, le tableau ci-dessous donne les indices élémentaires $I(x)$ de 1991 par rapport à 1990 et les coefficients budgétaires correspondants :

PRODUITS P_i	INDICES ÉLÉMENTAIRES	COEFFICIENTS BUDGÉTAIRES	
		1990	***1991***
P_1	110	0,20	0,15
P_2	125	0,50	0,30
P_3	95	0,30	0,55

Calculer les indices de Laspeyres et de Paasche de 1991 par rapport à 1990 sur l'ensemble de ces trois produits.

Réponse :

Par définition, l'indice de Laspeyres est :

$$L(x)_{91/90} = \sum_{j=1}^{3} c_{j,90} \cdot I(x_j)_{91/90} = 0{,}2 \times 110 + 0{,}5 \times 125 + 0{,}3 \times 95 = 113$$

L'indice de Paasche est :

$$\frac{1}{P(x)_{91/90}} = \sum_{j=1}^{3} c_{j,91} \cdot \frac{1}{I(x_j)_{91/90}}$$
$$= 0{,}15 \times (1/110) + 0{,}30 \times (1/125) + 0{,}55 \times (1/95) \approx 0{,}009\,55$$

D'où : $P(x)_{91/90} \approx 104{,}7$

10. Une entreprise fabrique le même produit dans deux lieux géographiques différents. Ce produit nécessite trois matières premières identiques, mais dans des proportions différentes compte tenu de procédés de fabrication différents. Le tableau ci-dessous indique, pour chaque lieu, les prix et les quantités commandées de ces trois matériaux au cours d'une même période :

PRODUITS	PRIX		QUANTITÉS	
	Lieu n° 1	Lieu n° 2	Lieu n° 1	Lieu n° 2
A	3,80	4,05	300	200
B	4,75	4,50	300	400
C	5,50	5,50	400	400

1° Calculer les indices de Laspeyres et de Paasche (prix et quantités) du lieu 2 par rapport au lieu 1 sur l'ensemble des matières premières.

2° Même question pour le lieu 1 par rapport au lieu 2.

Réponses :

1° Calculs intermédiaires :

j	$p_{j,1}\, q_{j,1}$	$p_{j,1}\, q_{j,2}$	$p_{j,2}\, q_{j,1}$	$p_{j,2}\, q_{j,2}$
1	1 140	760	1 215	810
2	1 425	1 900	1 350	1 800
3	2 200	2 200	2 200	2 200
Total	**4 765**	**4 860**	**4 765**	**4 810**

On a : $L(p)_{2/1} = \frac{4\,765}{4\,765} \times 100 = 100$ et $L(q)_{2/1} = \frac{4\,860}{4\,765} \times 100 \approx 102$

$P(p)_{2/1} = \frac{4\,810}{4\,860} \times 100 \approx 99$ et $P(q)_{2/1} = \frac{4\,810}{4\,765} \times 100 \approx 101$

2° De la même façon, on calcule :

$$L(p)_{1/2} = \frac{4\,860}{4\,810} \times 100 \approx 101 \quad \text{et} \quad L(q)_{1/2} = \frac{4\,765}{4\,810} \times 100 \approx 99$$

$$P(p)_{1/2} = \frac{4\,765}{4\,765} \times 100 = 100 \quad \text{et} \quad P(q)_{1/2} = \frac{4\,765}{4\,860} \times 100 \approx 98$$

On peut aussi utiliser les formules :

$$L(x)_{1/2} = \frac{100}{P(x)_{2/1}} \quad \text{et} \quad P(x)_{1/2} = \frac{100}{L(x)_{2/1}}$$

qui donnent : $L(p)_{1/2} = \frac{100}{99} \approx 101$ et $L(q)_{1/2} = \frac{100}{101} \approx 99$

$$P(p)_{1/2} = \frac{100}{100} = 100 \quad \text{et} \quad P(q)_{1/2} = \frac{100}{102} \approx 98$$

11. Démontrer que l'indice de Fischer, qui est la moyenne géométrique des indices de Laspeyres et de Paasche, est réversible.

Réponse :

Cela résulte de la propriété :

$$L(x)_{0/t} = \frac{100}{P(x)_{t/0}} \quad \text{et} \quad P(x)_{0/t} = \frac{100}{L(x)_{t/0}}$$

On a en effet :

$$\begin{aligned} F(x)_{t/0} \cdot F(x)_{0/t} &= \sqrt{L(x)_{t/0} \cdot P(x)_{t/0}} \times \sqrt{L(x)_{0/t} \cdot P(x)_{0/t}} \\ &= \sqrt{L(x)_{t/0} \cdot P(x)_{0/t} \cdot L(x)_{0/t} \cdot P(x)_{t/0}} \\ &= \sqrt{100 \times 100} = 100 \end{aligned}$$

12. p représentant les prix, q les quantités et $v = pq$ les valeurs de n produits, on note l'indice des valeurs (ou dépenses) :

$$V(v)_{t/0} = \frac{\sum_{j=1}^{n} p_{j,t}q_{j,t}}{\sum_{j=1}^{n} p_{j,0}q_{j,0}} \times 100^2$$

Démontrer que :

$$V(v)_{t/0} = L(p)_{t/0} \cdot P(q)_{t/0} = L(q)_{t/0} \cdot P(p)_{t/0} = F(p)_{t/0} \cdot F(q)_{t/0}$$

Réponse :

On a (formules de calcul) :

$$L(p)_{t/0} \cdot P(q)_{t/0} = \frac{\sum_{j=1}^{n} p_{j,t}q_{j,0}}{\sum_{j=1}^{n} p_{j,0}q_{j,0}} \cdot \frac{\sum_{j=1}^{n} p_{j,t}q_{j,t}}{\sum_{j=1}^{n} p_{j,t}q_{j,0}} \times 100^2 = \frac{\sum_{j=1}^{n} p_{j,t}q_{j,t}}{\sum_{j=1}^{n} p_{j,0}q_{j,0}} \times 100^2 = V(v)_{t/0}$$

De même :

$$L(q)_{t/0} \cdot P(p)_{t/0} = \frac{\sum_{j=1}^{n} p_{j,0}q_{j,t}}{\sum_{j=1}^{n} p_{j,0}q_{j,0}} \cdot \frac{\sum_{j=1}^{n} p_{j,t}q_{j,t}}{\sum_{j=1}^{n} p_{j,0}q_{j,t}} \times 100^2 = \frac{\sum_{j=1}^{n} p_{j,t}q_{j,t}}{\sum_{j=1}^{n} p_{j,0}q_{j,0}} \times 100^2 = V(v)_{t/0}$$

et

$$\begin{aligned} F(p)_{t/0} \cdot F(q)_{t/0} &= \sqrt{L(p)_{t/0} \cdot P(p)_{t/0}} \times \sqrt{L(q)_{t/0} \cdot P(q)_{t/0}} \\ &= \sqrt{(L(p)_{t/0} \cdot P(q)_{t/0}) \cdot (L(q)_{t/0} \cdot P(p)_{t/0})} \\ &= \sqrt{V(v)_{t/0} \cdot V(v)_{t/0}} = V(v)_{t/0} \end{aligned}$$

▪ INDICES-CHAÎNES

13. Le tableau ci-dessous donne l'indice-chaîne d'une variable étudiée entre 1984 et 1991. L'indice de chaque année est donné base 100 en 84.

ANNÉE	1984	1985	1986	1987	1988	1989	1990	1991
INDICE	100	108	115,5	125,3	144,3	152,8	158,2	167,2

1° Quel est le pourcentage de variation de cette variable de 1984 à 1991?
2° Même question de 1988 à 1991, et de 1986 à 1989.
3° Calculer, pour cette variable, les indices pour chaque année, de 1985 à 1991, base 100 de l'année précédente.

Réponses :

1° $PV_{91/84} = I_{91/84} - 100 = 67{,}2$

2° $PV_{91/88} = I_{91/88} - 100 = \left(\dfrac{CI_{91/84}}{CI_{88/84}} - 1\right) + 100 \approx (1{,}159 - 1) \times 100 = 15{,}9$

$PV_{89/86} = I_{89/86} - 100 = \left(\dfrac{CI_{89/84}}{CI_{86/84}} - 1\right) + 100 \approx (1{,}323 - 1) \times 100 = 32{,}3$

3° En utilisant (pour $t > 84$) la formule : $I_{t/t-1} = \dfrac{CI_{t/84}}{CI_{t-1/84}} \times 100$

on obtient le tableau suivant :

1985	1986	1987	1988	1989	1990	1991
108	106,9	108,5	115,2	105,9	103,5	105,7

14. Le tableau ci-dessous indique les prix et quantités relatifs à quatre produits *A*, *B*, *C*, *D* pour les années 1990 et 1991.

PRODUITS	*1990*		*1991*	
	PRIX	QUANTITÉS	PRIX	QUANTITÉS
A	8,00	23	9,50	37
B	4,69	35	6,20	40
C	3,80	40	5,00	28
D	7,60	18	7,60	30

1° Calculer les coefficients budgétaires (année courante, année de base) et les indices élémentaires (prix et quantités) de ces quatre produits (base 90).
2° Calculer les indices de Laspeyres et de Paasche (prix et quantités) sur l'ensemble des produits.

15. 1° Calculer les indices de Laspeyres et de Paasche pour 1991 par rapport à 1990 (prix et quantités) sur l'ensemble des quatre produits décrits ci-dessous :

PRODUITS	*1990*		*1991*	
	PRIX	QUANTITÉS	PRIX	QUANTITÉS
A	9,00	27	9,25	37
B	4,90	31	5,20	40
C	3,65	40	5,00	28
D	8,10	15	7,70	30

2° L'indice d'Irwing Fisher est défini par :

$$F(x)_{t/0} = \sqrt{L(x)_{t/0} \cdot P(x)_{t/0}}$$

L'indice de Sidgwick est défini par :

$$S(x)_{t/0} = \frac{L(x)_{t/0} + P(x)_{t/0}}{2}$$

Calculer ces deux indices en 1991, base 100 en 90, sur l'ensemble des quatre produits (prix et quantités).

16. L'annuaire statistique de 1989 indique à la rubrique « indice 1988 des prix à la consommation (base 100 en 1980) » les renseignements suivants :

RUBRIQUE	PONDÉRATION	INDICE ***1988***
Alimentation	**2 340**	. . . , .
dont – produit à base de céréales	258	178,0
– viandes et poissons	826	166,4
– œufs, laits, corps gras	384	161,0
– légumes et fruits	322	188,8
– autres produits alimentaires	186	175,9
– boissons	364	164,2
Produits manufacturés	**4 364**	. . . , .
dont – habillement et articles textiles	942	181,6
– autres produits manufacturés	3 422	159,3
Services	**3 296**	186,0
Indice général	**10 000**	. . . , .

Calculez les trois indices qui manquent.

PROBLÈMES (solutions)

14. 1°

• **Calcul des coefficients budgétaires :**
Les coefficients budgétaires de chaque produit s'obtiennent en calculant le quotient de la valeur (prix × quantité) de ce produit à une période donnée (courante ou de base) sur la somme des valeurs de tous les produits à la même période (voir tableau).

• **Calcul des indices élémentaires :**
Les indices élémentaires des prix, base 100 en 1990, s'obtiennent en divisant le prix du produit en 1991 par son prix en 1990. De même pour les indices élémentaires des quantités (voir tableau).

(1)	*(2)*	*(3)*	*(4)*	*(5)*	*(6)*
$P_{j,91} \times Q_{j,91}$ (COURANT)	$P_{j,90} \times Q_{j,90}$ (BASE)	COEFFICIENTS BUDGÉTAIRES (COURANT)	(BASE)	INDICES ÉLÉMENTAIRES PRIX	QUANTITÉS
351,50	184,00	0,36	0,29	1,19	1,61
248,00	164,15	0,26	0,26	1,32	1,14
140,00	152,00	0,14	0,24	1,32	0,70
228,00	136,80	0,24	0,21	1,00	1,67
967,50	**636,95**	**1,00**	**1,00**		

2° Calcul des indices de Laspeyres et Paasche :
On procède aux calculs indiqués dans le tableau ci-dessous (les numéros renvoient aux colonnes du tableau précédent).

	(4) × (5)	*(4) × (6)*	*(3)/(5)*	*(3)/(6)*
	0,35	0,47	0,30	0,22
	0,34	0,30	0,20	0,23
	0,32	0,17	0,11	0,20
	0,21	0,35	0,24	0,14
Total	**1,22**	**1,29**	**0,85**	**0,79**

$L(p) \approx 1{,}22 \times 100 = 122$

$L(q) \approx 1{,}29 \times 100 = 129$

$P(p) \approx \dfrac{100}{0{,}85} \approx 118$

$P(q) \approx \dfrac{100}{0{,}79} \approx 127$

INDICES	PRIX	QUANTITÉS
Laspeyres	122	129
Paasche	118	127

15. 1° Calcul des indices de Laspeyres et Paasche :
Les calculs sont effectués à l'aide des formules et du tableau suivants :

j	$p_{j,90}q_{j,90}$	$p_{j,90}q_{j,91}$	$p_{j,91}q_{j,91}$	$p_{j,91}q_{j,90}$
1	243,00	333,00	342,25	249,75
2	151,90	196,00	208,00	161,20
3	146,00	102,20	140,00	200,00
4	121,50	243,00	231,00	115,50
Σ	**662,40**	**874,20**	**921,25**	**726,45**

$$L(p)_{91/90} = \frac{\sum_{j=1}^{4} p_{j,91}q_{j,90}}{\sum_{j=1}^{4} p_{j,90}q_{j,90}} \times 100 = \frac{726{,}45}{662{,}40} \times 100 \approx 110$$

$$L(q)_{91/90} = \frac{\sum_{j=1}^{4} p_{j,90}q_{j,91}}{\sum_{j=1}^{4} p_{j,90}q_{j,90}} \times 100 = \frac{874{,}20}{662{,}40} \times 100 \approx 132$$

$$P(p)_{91/90} = \frac{\sum_{j=1}^{4} p_{j,91} q_{j,91}}{\sum_{j=1}^{4} p_{j,90} q_{j,91}} \times 100 = \frac{921,25}{874,20} \times 100 \approx 105$$

$$P(q)_{91/90} = \frac{\sum_{j=1}^{4} p_{j,91} q_{j,91}}{\sum_{j=1}^{4} p_{j,91} q_{j,90}} \times 100 = \frac{921,25}{726,45} \times 100 \approx 127$$

2° Calcul des indices de Fisher et Sidgwick :

$$F(p)_{91/90} = \sqrt{L(p)_{91/90} \cdot P(p)_{91/90}} = \sqrt{110 \times 105} \approx 107,47$$

$$F(q)_{91/90} = \sqrt{L(q)_{91/90} \cdot P(q)_{91/90}} = \sqrt{132 \times 127} \approx 129,48$$

$$S(p)_{91/90} = \frac{L(p)_{91/90} + P(p)_{91/90}}{2} = \frac{110 + 105}{2} = 107,50$$

$$S(q)_{91/90} = \frac{L(q)_{91/90} + P(q)_{91/90}}{2} = \frac{132 + 127}{2} = 129,50$$

16. • Indice relatif à la rubrique « Alimentation » :

$$I_1 = \frac{258 \times 178,0 + 826 \times 166,4 + 384 \times 161,0 + 322 \times 188,8 + 186 \times 175,9 + 364 \times 164,2}{2\,340}$$

$$\approx 170,3$$

• Indice relatif à la rubrique « Produits manufacturés » :

$$I_2 = \frac{942 \times 181,6 + 3\,422 \times 159,3}{4\,364} \approx 164,1$$

• **Indice général :**

$$I = \frac{2\,340 \times 170,3 + 4\,364 \times 164,1 + 3\,296 \times 186,0}{10\,000} \approx 172,8$$

7 DISTRIBUTIONS STATISTIQUES A DEUX DIMENSIONS

- DISTRIBUTIONS STATISTIQUES A DEUX DIMENSIONS
- DISTRIBUTIONS ASSOCIÉES ET INDÉPENDANCE STATISTIQUE
- REPRÉSENTATIONS GRAPHIQUES
- PARAMÈTRES

■ DISTRIBUTIONS A DEUX DIMENSIONS

• *Définition*

Soient deux caractères X et Y définis sur une même population d'effectif total n (X et Y peuvent être tous les deux qualitatifs, tous les deux quantitatifs, ou l'un qualitatif et l'autre quantitatif). La distribution statistique à deux dimensions relative au couple (X, Y) est définie par la donnée :
— des p valeurs possibles $x_1, x_2, ..., x_p$ de X
— des q valeurs possibles $y_1, y_2, ..., y_q$ de Y
— des $p \times q$ effectifs correspondants aux observations ($X = x_i$ et $Y = y_j$), notés n_{ij}.

Remarque :
Si X est qualitatif, x_i représente la modalité numéro i de ce caractère.
Si X est quantitatif, x_i représente la $i^{\text{ème}}$ valeur de ce caractère ou le centre de la $i^{\text{ème}}$ classe.
De même pour Y.

• *Présentation en tableau*

Tableau de données ponctuelles : il s'agit d'un tableau du type :

OBSERVATION NUMÉRO	VALEUR DE X	VALEUR DE Y
1	x_1	y_1
...	...	...
i	x_i	y_i
...	...	...
n	x_n	y_n

Tableau à double entrée (ou de contingence) il s'agit d'un tableau du type :

VALEURS DE Y / VALEURS DE X	y_1	...	y_j	...	y_q
x_1	n_{11}	...	n_{1j}	...	n_{1q}
...	...	...	...	...	...
x_i	n_{i1}	...	n_{ij}	...	n_{iq}
...	...	...	...	...	...
x_p	n_{p1}	...	n_{pj}	...	n_{pq}

A l'intersection de la $i^{\text{ème}}$ ligne et de la $j^{\text{ème}}$ colonne, on reporte l'effectif n_{ij} correspondant à l'observation conjointe de $X = x_i$ et $Y = y_j$

▪ DISTRIBUTIONS ASSOCIÉES ET INDÉPENDANCE STATISTIQUE

• *Distributions marginales*

De la distribution statistique du couple (X, Y), on peut déduire les distributions de X seul et Y seul.
En indiquant par un point une sommation effectuée suivant l'indice i ou l'indice j, on note :

– $\boldsymbol{n_{i.}}$ le total des effectifs de la ligne i :

$$n_{i.} = n_{i1} + n_{i2} + ... + n_{iq} = \sum_{j=1}^{q} n_{ij}$$

– $\boldsymbol{n_{.j}}$ le total des effectifs de la colonne j :

$$n_{.j} = n_{1j} + n_{2j} + ... + n_{pj} = \sum_{i=1}^{p} n_{ij}$$

– $\boldsymbol{n_{..}}$ l'effectif total :

$$n_{..} = \sum_{i=1}^{p} n_{i.} = \sum_{j=1}^{q} n_{.j} = \sum_{i=1}^{p} \sum_{j=1}^{q} n_{ij} = n$$

$(x_i, n_{i.})_{i=1...p}$ est la distribution marginale de X.
$(y_j, n_{.j})_{j=1...q}$ est la distribution marginale de Y.
La fréquence de l'observation ($X = x_i$ et $Y = y_j$) est notée f_{ij} :

$$f_{ij} = \frac{n_{ij}}{n}$$

La fréquence marginale de l'observation ($X = x_i$) est notée $f_{i.}$:

$$f_{i.} = \frac{n_{i.}}{n} = \sum_{j=1}^{q} f_{ij}$$

La fréquence marginale de l'observation $(Y = y_j)$ est notée $f_{.j}$:

$$f_{.j} = \frac{n_{.j}}{n} = \sum_{i=1}^{p} f_{ij}$$

On a :

$$\boxed{\sum_{i=1}^{p} \sum_{j=1}^{q} f_{ij} = \sum_{i=1}^{p} f_{i.} = \sum_{j=1}^{q} f_{.j} = \mathbf{1}}$$

ATTENTION! La connaissance des distributions marginales de X et de Y ne suffit pas, en général, pour déterminer la distribution du couple (X, Y). Cela n'est possible que si X et Y sont indépendants.

• ***Indépendance statistique***

Deux caractères X et Y sont indépendants si, et seulement si :

$$\boxed{\begin{array}{c} \forall \boldsymbol{i} \in \{\mathbf{1}, ..., \boldsymbol{p}\}, \quad \forall \boldsymbol{j} \in \{\mathbf{1}, ..., \boldsymbol{q}\} \\ \boldsymbol{f_{ij}} = \boldsymbol{f_{i.}} \times \boldsymbol{f_{.j}} \quad \textbf{ou} \quad \boldsymbol{n_{ij}} = \dfrac{\boldsymbol{n_{i.}} \times \boldsymbol{n_{.j}}}{\boldsymbol{n}} \end{array}}$$

L'indépendance statistique de X et de Y correspond au fait que les lignes (et les colonnes) du tableau à double entrée sont proportionnelles.

• ***Distributions conditionnelles***

Pour i fixé et j variant de 1 à q, (y_j, n_{ij}) est la distribution conditionnelle de « Y lié par $(X = x_i)$ ».

Pour j fixé et i variant de 1 à p, (x_i, n_{ij}) est la distribution conditionnelle de « X lié par $(Y = y_j)$ ».
La fréquence conditionnelle de $(Y = y_j)$ liée par $(X = x_i)$ se note $f_{(y_j/x_i)}$:

$$f_{(y_j/x_i)} = \frac{n_{ij}}{n_{i.}}$$

La fréquence conditionnelle de $(X = x_i)$ liée par $(Y = y_j)$ se note $f_{(x_i/y_j)}$:

$$f_{(x_i/y_j)} = \frac{n_{ij}}{n_{.j}}$$

On a :

$$\boxed{\begin{array}{c} \displaystyle\sum_{j=1}^{q} \boldsymbol{f_{(y_j/x_i)}} = \mathbf{1} \quad \textbf{et} \quad \sum_{i=1}^{p} \boldsymbol{f_{(x_i/y_j)}} = \mathbf{1} \\ \boldsymbol{f_{ij}} = \boldsymbol{f_{(y_j/x_i)}} \times \boldsymbol{f_{i.}} = \boldsymbol{f_{(x_i/y_j)}} \times \boldsymbol{f_{.j}} \end{array}}$$

Remarques :

1) X et Y sont indépendantes si, et seulement si :

$$\forall i, \forall j, \quad f_{(y_j/x_i)} = f_{.j} \quad \text{ou} \quad f_{(x_i/y_j)} = f_{i.}$$

2) La connaissance de la distribution marginale de X (respectivement Y) et des distributions conditionnelles de Y (respectivement X) liées par $(X = x_i)$ (respectivement par $(Y = y_j)$) suffit pour déterminer la distribution du couple (X, Y).

■ REPRÉSENTATIONS GRAPHIQUES

• *Nuage de points pondérés*

Dans un repère cartésien, on trace les points de coordonnées (x_i, y_j) en indiquant éventuellement, entre parenthèses, l'effectif n_{ij}.

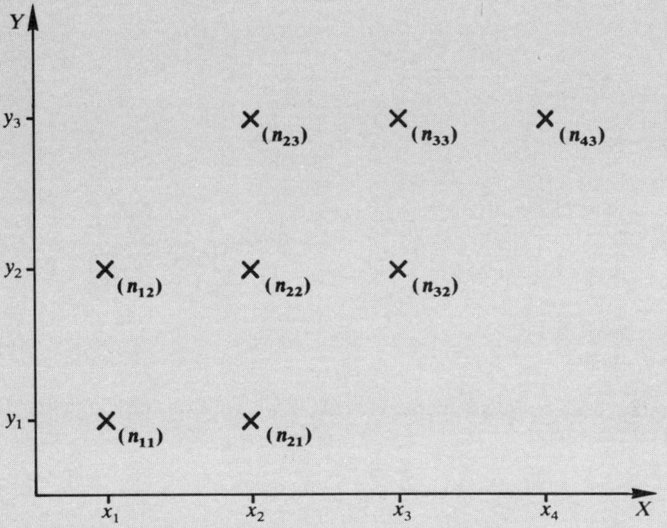

• *Stéréogramme*

Un stéréogramme est une représentation graphique des séries statistiques doubles, qui s'obtient en traçant des « bâtons » ou des parallélépipèdes rectangles de hauteurs proportionnelles aux effectifs (ou éventuellement aux densités).

L'absentéisme croît des cadres aux ouvriers semi-qualifiés dans toutes les activités industrielles.

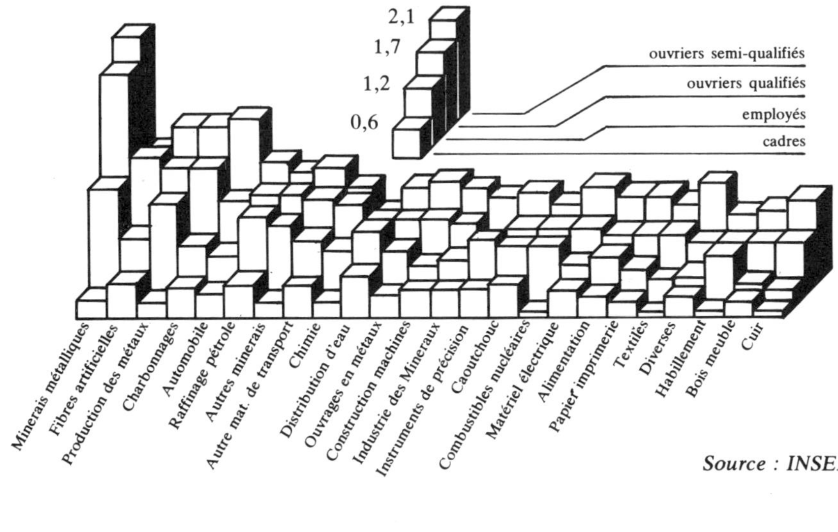

Source : INSEE.

▪ PARAMÈTRES D'UNE DISTRIBUTION A DEUX DIMENSIONS

Dans ce paragraphe, X et Y sont des caractères quantitatifs.

• *Moyennes marginales*

$$\bar{x} = \frac{1}{n} \sum_{i=1}^{p} n_{i.} x_i \qquad \text{et} \qquad \bar{y} = \frac{1}{n} \sum_{j=1}^{q} n_{.j} y_j$$

• *Variances marginales*

$$\text{Var}(X) = \sigma^2(X) = \frac{1}{n} \sum_{i=1}^{p} n_{i.}(x_i - \bar{x})^2 = \frac{1}{n}\left(\sum_{i=1}^{p} n_{i.} x_i^2\right) - \bar{x}^2$$

$$\text{Var}(Y) = \sigma^2(Y) = \frac{1}{n} \sum_{j=1}^{q} n_{.j}(y_j - \bar{y})^2 = \frac{1}{n}\left(\sum_{j=1}^{q} n_{.j} y_j^2\right) - \bar{y}^2$$

• *Moments centrés*

On généralise, à un couple de caractères (X, Y), les notions de moments et moments centrés d'un caractère.

$$m_{\alpha\beta}(X, Y) = \frac{1}{n} \sum_{i=1}^{p} \sum_{j=1}^{q} n_{ij} x_i^{\alpha} y_j^{\beta}$$

$$\mu_{\alpha\beta}(X, Y) = \frac{1}{n} \sum_{i=1}^{p} \sum_{j=1}^{q} n_{ij}(x_i - \bar{x})^{\alpha}(y_j - \bar{y})^{\beta}$$

Remarque : $m_{1,0}(X, Y) = \bar{x}$ et $m_{0,1}(X, Y) = \bar{y}$
$\mu_{2,0}(X, Y) = \text{Var}(X)$ et $\mu_{0,2}(X, Y) = \text{Var}(Y)$

• *Covariance*

On appelle covariance du couple (X, Y) le nombre suivant :

$$\text{Cov}(X, Y) = \mu_{1,1}(X, Y) = \frac{1}{n} \sum_{i=1}^{p} \sum_{j=1}^{q} n_{ij}(x_i - \bar{x})(y_j - \bar{y})$$

Remarque : La covariance est un indicateur du sens de la variation simultanée. Si, globalement, lorsque X croît, Y croît, alors la covariance est positive.

Propriétés de la covariance

$$\text{Cov}(X, Y) = \left(\frac{1}{n} \sum_{i=1}^{p} \sum_{j=1}^{q} n_{ij} x_i y_j\right) - \bar{x}\bar{y}$$

ou

$$\text{Cov}(X, Y) = m_{1,1}(X, Y) - m_1(X) m_1(Y)$$

$$\text{Cov}(aX + b, cY + d) = ac \, \text{Cov}(X, Y)$$

$$\text{Cov}(X, X) = \text{Var}(X)$$

$$|\mathrm{Cov}\,(X, Y)| \leqslant \sigma(X)\sigma(Y)$$

$$\mathrm{Var}\,(X + Y) = \mathrm{Var}\,(X) + \mathrm{Var}(Y) + 2\,\mathrm{Cov}\,(X, Y)$$

Si X et Y sont indépendantes, alors : $\mathrm{Cov}\,(X, Y) = 0$
Attention! la réciproque est fausse.

- ***Moyennes conditionnelles***

$$m_1(X/Y = y_j) = \bar{x}_j = \frac{1}{n_{.j}} \sum_{i=1}^{p} n_{ij}x_i = \sum_{i=1}^{p} f_{(x_i/y_j)} \cdot x_i$$

$$m_1(Y/X = x_i) = \bar{y}_i = \frac{1}{n_{i.}} \sum_{j=1}^{q} n_{ij}y_j = \sum_{j=1}^{q} f_{(y_j/x_i)} \cdot y_j$$

- **Variances conditionnelles**

$$\mathrm{Var}\,(X/Y = y_j) = \frac{1}{n_{.j}} \sum_{i=1}^{p} n_{ij}(x_i - \bar{x}_j)^2$$

$$\mathrm{Var}\,(Y/X = x_i) = \frac{1}{n_{i.}} \sum_{j=1}^{q} n_{ij}(y_j - \bar{y}_i)^2$$

- **Relation entre paramètres marginaux et conditionnels**

$$\bar{x} = \frac{1}{n} \sum_{j=1}^{q} n_{.j}\bar{x}_j = \sum_{j=1}^{q} f_{.j}\bar{x}_j$$

$$\bar{y} = \frac{1}{n} \sum_{i=1}^{p} n_{i.}\bar{y}_i = \sum_{i=1}^{p} f_{i.}\bar{y}_i$$

La moyenne marginale apparaît ainsi comme une moyenne des moyennes conditionnelles, pondérées par les effectifs marginaux du caractère de liaison.

Remarque : Si X et Y sont indépendants, alors :

$\forall j \in \{1, ..., q\} \quad \bar{x}_j = \bar{x}$
$\forall i \in \{1, ..., p\} \quad \bar{y}_i = \bar{y}$

(La réciproque est fausse.)

- ***Décomposition de la variance***

$$\mathrm{Var}\,(X) = \sum_{j=1}^{q} f_{.j}\,\mathrm{Var}\,(X/Y = y_j) + \sum_{j=1}^{q} f_{.j}(\bar{x}_j - \bar{x})^2$$

$$\mathrm{Var}\,(Y) = \sum_{i=1}^{p} f_{i.}\,\mathrm{Var}\,(Y/X = x_i) + \sum_{i=1}^{p} f_{i.}(\bar{y}_i - \bar{y})^2$$

ou encore : $\mathrm{Var}\,(Y) = m_1(V_X^c) + \mathrm{Var}\,(\overline{Y^c})$
$\mathrm{Var}\,(X) = m_1(V_Y^c) + \mathrm{Var}\,(\overline{X^c})$

(où $\overline{X^c}$ et $\overline{Y^c}$ sont les distributions des moyennes conditionnelles et V_X^c, V_Y^c les distributions des variances conditionnelles)

c'est-à-dire : **Variance totale** = **moyenne des variances conditionnelles** + **variance des moyennes conditionnelles**

EXERCICES

■ DISTRIBUTIONS A DEUX DIMENSIONS

1. On considère la statistique double définie par le tableau de contingence suivant :

X \ Y	y_1	y_2	y_3
x_1	128	81	17
x_2	64	22	88

Déterminer : $n_{..}$, $n_{1,2}$, $n_{2,1}$, $n_{2.}$, $n_{.2}$
$f_{2,3}$, $f_{.1}$, f_{y_2/x_1}, f_{y_1/x_2}, f_{x_2/y_2}, f_{y_2/x_2}

Réponses :

$n_{..} = 128 + 81 + 17 + 64 + 22 + 88 = 400$

$n_{1,2} = 81$; $n_{2,1} = 64$

$n_{2.} = 64 + 22 + 88 = 174$; $n_{.2} = 81 + 22 = 103$

$$f_{2,3} = \frac{n_{2,3}}{n_{..}} = \frac{88}{400} = 0{,}22 \quad \text{et} \quad f_{.1} = \frac{n_{.1}}{n_{..}} = \frac{192}{400} = 0{,}48$$

$$f_{y_2/x_1} = \frac{n_{1,2}}{n_{1.}} = \frac{81}{226} \approx 0{,}358 \quad \text{et} \quad f_{y_1/x_2} = \frac{n_{2,1}}{n_{2.}} = \frac{64}{174} \approx 0{,}368$$

$$f_{x_2/y_2} = \frac{n_{2,2}}{n_{.2}} = \frac{22}{103} \approx 0{,}214 \quad \text{et} \quad f_{y_2/x_2} = \frac{n_{2,2}}{n_{2.}} = \frac{22}{174} \approx 0{,}126$$

■ DISTRIBUTIONS ASSOCIÉES ET INDÉPENDANCE STATISTIQUE

2. Considérons la distribution statistique du couple (X, Y) définie par le tableau ci-contre :

X \ Y	*1*	*2*	*3*	*4*
– 1	10	42	80	17
0	21	7	12	4
1	32	8	6	11

Dresser le tableau correspondant des fréquences f_{ij} et des fréquences marginales $f_{i.}$ et $f_{.j}$

Réponse :

X \ *Y*	*1*	*2*	*3*	*4*	**distribution marginale de *X***
− 1	0,040	0,168	0,320	0,068	**0,596**
0	0,084	0,028	0,048	0,016	**0,176**
1	0,128	0,032	0,024	0,044	**0,228**
distribution marginale de *Y*	**0,252**	**0,228**	**0,392**	**0,128**	**1**

Les calculs s'effectuent en déterminant d'abord l'effectif total :

$$n = 10 + 42 + \dots + 11 = 250;$$

puis en divisant par n chacun des nombres du tableau. Les fréquences marginales s'obtiennent en ajoutant les fréquences f_{ij} en ligne pour X, en colonne pour Y.

3. Compléter les tableaux suivants, sachant que, dans chaque cas, X et Y sont indépendants.

1°

X \ *Y*	*0*	*20*	*30*	*50*	**distribution marginale de *X***
1					**0,45**
2					**0,55**
distribution marginale de *Y*	**0,1**	**0,3**	**0,4**	**0,2**	**1**

2°

X \ *Y*	*100*	*200*	*300*
10	8	12	2
20		24	
30			5

Réponses :

1° Puisque X et Y sont indépendants, alors : $\forall i, \forall j, \quad f_{ij} = f_{i.} \times f_{.j}$
D'où le tableau complété :

X \ Y	*0*	*20*	*30*	*50*	**distribution marginale de X**
1	0,045	0,135	0,180	0,090	**0,45**
2	0,055	0,165	0,220	0,110	**0,55**
distribution marginale de Y	**0,1**	**0,3**	**0,4**	**0,2**	**1**

2° Puisque X et Y sont indépendants, les lignes et les colonnes du tableau doivent être proportionnelles.

Exemple : $\frac{n_{2,1}}{8} = \frac{24}{12} = 2$ donc $n_{2,1} = 16$

D'où le tableau complété :

X \ Y	*100*	*200*	*300*
10	8	12	2
20	**16**	24	**4**
30	**20**	**30**	5

■ PARAMÈTRES

4. Soit la statistique double définie par le tableau :

X \ Y	*15*	*25*	*35*	*45*
– 1	40	168	320	68
0	84	28	48	16
1	128	32	24	44

Déterminer les distributions marginales; calculer leurs moyennes et variances.

Réponses

- **Distribution marginale de X :**

x_i	-1	0	1	total Σ	Σ/n
$n_{i.}$	596	176	228	1 000	1
$n_{i.}x_i$	− 596	0	228	− 368	− 0,368
$n_{i.}x_i^2$	596	0	228	824	0,824

D'où : $\bar{x} = -0{,}368$ et $m_2(X) = 0{,}824$

$\mathrm{Var}(X) = 0{,}824 - (-0{,}368)^2 \approx 0{,}689$

- **Distribution marginale de Y :**

y_j	15	25	35	45	total Σ	Σ/n
$n_{.j}$	252	228	392	128	1 000	1
$n_{.j}y_j$	3 780	5 700	13 720	5 760	28 960	28,96
$n_{.j}y_j^2$	56 700	142 500	480 200	259 200	938 600	938,6

D'où : $\bar{y} = 28{,}96$ et $m_2(Y) = 938{,}6$

$\mathrm{Var}(Y) = 938{,}6 - (28{,}96)^2 \approx 99{,}9$

5. Deux observatoires A et B recueillent des données concernant deux caractères quantitatifs X et Y. Les résultats sont consignés dans les tableaux ci-dessous (on a numéroté en premier les observations de A) :

OBSERVATOIRE A		
i	x_i	y_i
1	8	25
2	14	41
3	10	30
4	19	60
5	10	29
6	15	43
7	7	22
8	16	45
9	14	43
10	7	24

OBSERVATOIRE B		
i	x_i	y_i
11	8	29
12	10	29
13	13	44
14	12	37
15	9	30
16	13	44
17	12	38
18	7	23
19	11	34
20	15	46
21	10	30
22	18	60

1° Calculer Cov (X, Y) pour l'observatoire A.
2° Calculer Cov (X, Y) pour l'observatoire B.
3° Calculer Cov (X, Y) pour l'ensemble des 22 observations.

Réponses : On dresse les tableaux suivants :

OBSERVATOIRE A			
i	x_i	y_i	$x_i y_i$
1	8	25	200
2	14	41	574
3	10	30	300
4	19	60	1 140
5	10	29	290
6	15	43	645
7	7	22	154
8	16	45	720
9	14	43	602
10	7	24	168
$\sum_{i=1}^{10}$	120	362	4 793
Σ/10	12	36,2	479,3

OBSERVATOIRE B			
i	x_i	y_i	$x_i y_i$
11	8	29	232
12	10	29	290
13	13	44	572
14	12	37	444
15	9	30	270
16	13	44	572
17	12	38	456
18	7	23	161
19	11	34	374
20	15	46	690
21	10	30	300
22	18	60	1 080
$\sum_{i=11}^{22}$	138	444	5 441
Σ/12	11,5	37	453,4

1° Pour l'observatoire A, on trouve :

$$\text{Cov}\,(X, Y) = \frac{1}{n} \sum_{i=1}^{n} x_i y_i - \bar{x}\,\bar{y} = 479{,}3 - 12 \times 36{,}2 = 44{,}9$$

2° Pour l'observatoire B, on trouve :

$$\text{Cov}\,(X, Y) \approx 453{,}4 - 11{,}5 \times 37 = 27{,}9$$

3° Pour l'ensemble des deux observatoires, on a :

$$\text{Cov}\,(X, Y) = \frac{4\,793 + 5\,441}{22} - \left(\frac{120 + 138}{22}\right) \times \left(\frac{362 + 444}{22}\right) \approx 35{,}54$$

On trouvera d'autres exemples de calcul de covariance dans le problème **9** et les chapitres suivants.

6. Pour la statistique double de l'exercice **4,** déterminer la distribution de Y liée par $X = 0$; calculer sa moyenne et son écart-type.

Réponse :

Distribution de $Y/X = 0$:

y_j	*15*	*25*	*35*	*45*	Total Σ	$\Sigma/n_{2.}$
n_{2j}	84	28	48	16	176	1
$n_{2j}y_j$	1 260	700	1 680	720	4 360	24,77
$n_{2j}y_j^2$	18 900	17 500	58 800	32 400	127 600	725

D'où : $\bar{y}_2 = 24{,}77$ et $m_2(Y/X = 0) = 725$

$\sigma^2(Y/X = 0) = 725 - (24{,}77)^2 \approx 111{,}45$

$\sigma(Y/X = 0) \approx 10{,}56$

7. Déterminer les distributions $\overline{X}^c$ et $\overline{Y}^c$ des moyennes conditionnelles pour la statistique double de l'exercice **4.**

Réponse :

On dresse le tableau suivant :

	X \ Y	*15*	*25*	*35*	*45*	(1) $n_{i.}$	(2) $\sum_j n_{ij}y_j$	(2)/(1) $\bar{y}_i$
	− 1	40	168	320	68	596	19 060	31,98
	0	84	28	48	16	176	4 360	24,77
	1	128	32	24	44	228	5 540	24,30
(3)	$n_{.j}$	252	228	392	128	1 000		
(4)	$\sum_i n_{ij}x_i$	88	− 136	− 296	− 24			
(4)/(3)	$\bar{x}_j$	0,349	− 0,596	− 0,755	− 0,1875			

8. **1°** Dans une université, une enquête sur le tabagisme donne les résultats consignés dans le tableau ci-contre :

X \ Y	Hommes	Femmes
Fumeurs	420	75
Non-fumeurs	280	225

— Déterminer :

a) l'effectif total de la population interrogée;
b) le nombre d'hommes qui fument;
c) le nombre de femmes;
d) la proportion de femmes qui ne fument pas;
e) la proportion de fumeurs;
f) la proportion de fumeurs parmi les hommes;
g) la proportion de femmes parmi les fumeurs;

— X et Y sont-ils indépendants?

2° Dans une autre université, les résultats sont :

X \ Y	Hommes	Femmes
Fumeurs	440	360
Non-fumeurs	110	90

Mêmes questions.

9. (*D'après concours entrée, ESCAE*)
A l'oral d'un examen, chaque candidat est interrogé en première langue où il obtient la note X et en seconde langue où il obtient la note Y (notes sur 20). Les résultats obtenus par 100 candidats sont donnés dans le tableau ci-dessous :

X \ Y	[0; 4[	[4; 8[	[8; 12[	[12; 16[	[16; 20]
[0; 4[	2	5	2		
[4; 8[	1	12	10	3	
[8; 12[		3	28	12	1
[12; 16[		1	5	10	2
[16; 20]				1	2

1° Représenter graphiquement la statistique double (X, Y) par un nuage de points pondérés.
2° Déterminer les distributions marginales en X et Y et calculer les moyennes et variances marginales.
3° Déterminer les distributions conditionnelles de X liées par Y et celles de Y liées par X. Calculer les moyennes et variances conditionnelles.
4° Déterminer la distribution des moyennes conditionnelles de Y liées par X. Calculer sa moyenne et sa variance.
5° Déterminer la distribution des variances conditionnelles de Y liées par X et calculer sa moyenne.
6° Calculer Cov (X, Y). Les deux notes sont-elles indépendantes statistiquement?

PROBLÈMES (solutions)

8. 1° Première université

a) $n = 420 + 75 + 280 + 225 = 1\,000$
b) Nombre d'hommes qui fument : $n_{1,1} = 420$
c) Nombre de femmes : $n_{.2} = 75 + 225 = 300$
d) Proportion de femmes qui ne fument pas : $f_{2,2} = 225/1\,000 = 0{,}225$
e) Proportion de fumeurs : $f_{i.} = (420 + 75)/1\,000 = 0{,}495$
f) Proportion de fumeurs parmi les hommes : $f_{x_1/y_1} = 420/(420 + 280) = 0{,}60$
g) Proportion de femmes parmi les fumeurs : $f_{y_2/x_1} = 75/(420 + 75) \approx 0{,}15$

Indépendance de X et Y :

$$n_{.1}n_{1.} = 700 \times 495 = 346\,500 \text{ et } nn_{11} = 1\,000 \times 420 = 420\,000$$

Les deux résultats sont différents; donc X et Y ne sont pas indépendants.

2° Deuxième université

a) $n = 440 + 360 + 110 + 90 = 1\,000$
b) $n_{1,1} = 440$
c) $n_{.2} = 360 + 90 = 450$
d) $f_{2,2} = 90/1\,000 = 0{,}09$
e) $f_{1.} = 800/1\,000 = 0{,}80$
f) $f_{x_1/y_1} = 440/(440 + 110) = 0{,}80$
g) $f_{y_2/x_1} = 360/(440 + 360) = 0{,}45$

On remarque que les lignes (ou les colonnes) du tableau sont proportionnelles; donc X et Y sont indépendants!

9. 1° Nuages de points pondérés

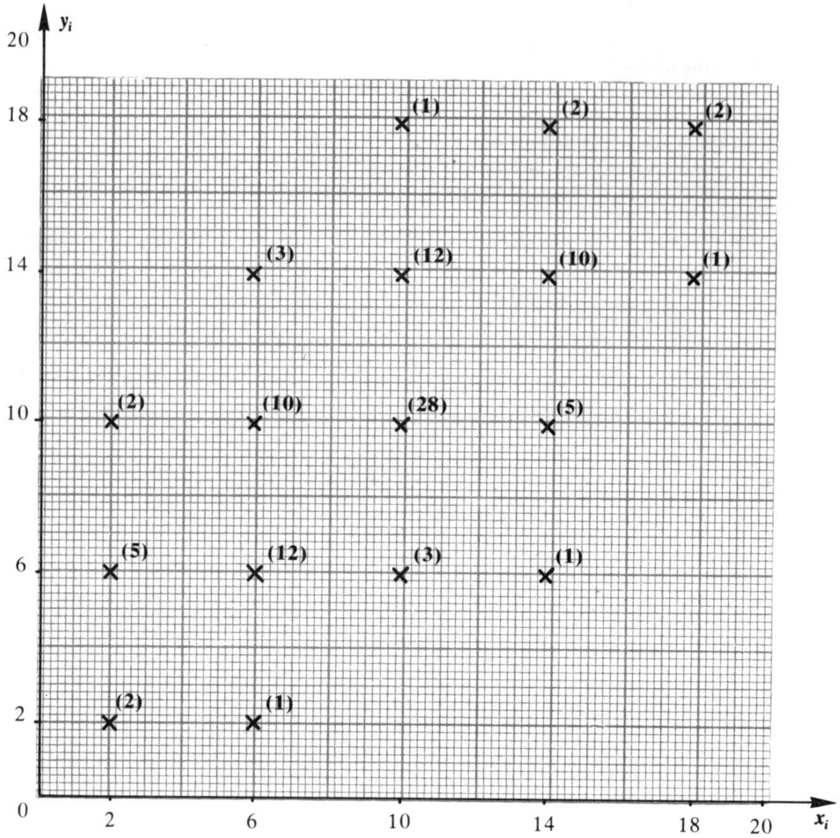

2° Les distributions marginales en X et Y sont données par les tableaux suivants, où l'on a assimilé les classes à leurs centres :

x_i	2	6	10	14	18
$n_{i.}$	9	26	44	18	3

y_j	2	6	10	14	18
$n_{.j}$	3	21	45	26	5

Pour calculer les paramètres marginaux, on peut utiliser les changements de variables suivants :

$$u_i = \frac{x_i - 10}{4} \quad \text{et} \quad v_j = \frac{y_j - 10}{4}$$

et dresser les tableaux :

x_i	$n_{i.}$	u_i	$n_{i.}u_i$	$n_{i.}u_i^2$
2	9	− 2	− 18	36
6	26	− 1	− 26	26
10	44	0	0	0
14	18	1	18	18
18	3	2	6	12
Total	**100**		**− 20**	**92**

y_j	$n_{.j}$	v_j	$n_{.j}v_j$	$n_{.j}v_j^2$
2	3	− 2	− 6	12
6	21	− 1	− 21	21
10	45	0	0	0
14	26	1	26	26
18	5	2	10	20
Total	**100**		**9**	**79**

On trouve : $\bar{u} = \dfrac{-20}{100}$, donc $\bar{x} = 4\bar{u} + 10 = 9{,}2$

$$\text{Var}(U) = \frac{92}{100} - \left(-\frac{2}{10}\right)^2 = \frac{88}{100}$$

donc : $\text{Var}(X) = 4^2\ \text{Var}(U) = 14{,}08$

De même : $\bar{v} = \dfrac{9}{100}$, donc $\bar{y} = 4\bar{v} + 10 = 10{,}36$

$$\text{Var}(V) = \frac{79}{100} - \left(\frac{9}{100}\right)^2 = 0{,}781\,9$$

donc : $\text{Var}(Y) = 4^2\ \text{Var}(V) = 12{,}510\,4$

3° Distributions conditionnelles de *X* liées par *Y*

***X*/*Y* ∈ [0; 4[ou *X*/*Y* = 2 :**

CLASSES	x_i	n_{i1}	$n_{i1}x_i$	$n_{i1}x_i^2$
[0; 4[	2	2	4	8
[4; 8[	6	1	6	36
Total		**3**	**10**	**44**

$\bar{x}_1 = \dfrac{10}{3}$

$\text{Var}(X/Y = 2) = \dfrac{32}{9}$

$X/Y \in [4;\, 8[$ ou $X/Y = 6$

CLASSES	x_i	n_{i2}	$n_{i2}x_i$	$n_{i2}x_i^2$
[0; 4[	2	5	10	20
[4; 8[	6	12	72	432
[8; 12[	10	3	30	300
[12; 16[	14	1	14	196
Total		**21**	**126**	**948**

$\bar{x}_2 = 6$

$\text{Var}\,(X/Y = 6) = \dfrac{64}{7}$

$X/Y \in [8;\, 12[$ ou $X/Y = 10$

CLASSES	x_i	n_{i3}	$n_{i3}x_i$	$n_{i3}x_i^2$
[0; 4[	2	2	4	8
[4; 8[	6	10	60	360
[8; 12[	10	28	280	2 800
[12; 16[	14	5	70	980
Total		**45**	**414**	**4 148**

$\bar{x}_3 = \dfrac{46}{5}$

$\text{Var}\,(X/Y = 10) = \dfrac{1\,696}{225}$

$X/Y \in [12;\, 16[$ ou $X/Y = 14$

CLASSES	x_i	n_{i4}	$n_{i4}x_i$	$n_{i4}x_i^2$
[4; 8[	6	3	18	108
[8; 12[	10	12	120	1 200
[12; 16[	14	10	140	1 960
[16; 20]	18	1	18	324
Total		**26**	**296**	**3 592**

$\bar{x}_4 = \dfrac{148}{13}$

$\text{Var}\,(X/Y = 14) = \dfrac{1\,444}{169}$

$X/Y \in [16;\, 20]$ ou $X/Y = 18$

CLASSES	x_i	n_{i5}	$n_{i5}x_i$	$n_{i5}x_i^2$
[8; 12[	10	1	10	100
[12; 16[	14	2	28	392
[16; 20]	18	2	36	648
Total		**5**	**74**	**1 140**

$\bar{x}_5 = \dfrac{74}{5}$

$\text{Var}\,(X/Y = 18) = \dfrac{224}{25}$

Distributions conditionnelles de Y liées par X

$Y/X \in [0; 4[$ ou $Y/X = 2$

CLASSES	y_j	n_{1j}	$n_{1j}y_j$	$n_{1j}y_j^2$
[0; 4[	2	2	4	8
[4; 8[	6	5	30	180
[8; 12[	10	2	20	200
Total		**9**	**54**	**388**

$\bar{y}_1 = 6$

$\text{Var}\,(Y/X = 2) = \dfrac{64}{9}$

$Y/X \in [4, 8[$ ou $Y/X = 6$

CLASSES	y_j	n_{2j}	$n_{2j}y_j$	$n_{2j}y_j^2$
[0; 4[	2	1	2	4
[4; 8[	6	12	72	432
[8; 12[	10	10	100	1 000
[12; 16[	14	3	42	588
Total		**26**	**216**	**2 024**

$\bar{y}_2 = \dfrac{108}{13}$

$\text{Var}\,(Y/X = 6) = \dfrac{1\,492}{169}$

$Y/X \in [8; 12[$ ou $Y/X = 10$

CLASSES	y_j	n_{3j}	$n_{3j}y_j$	$n_{3j}y_j^2$
[4; 8[	6	3	18	108
[8; 12[	10	28	280	2 800
[12; 16[	14	12	168	2 352
[16; 20]	18	1	18	324
Total		**44**	**484**	**5 584**

$\bar{y}_3 = 11$

$\text{Var}\,(Y/X = 10) = \dfrac{65}{11}$

$Y/X \in [12; 16[$ ou $Y/X = 14$

CLASSES	y_j	n_{4j}	$n_{4j}y_j$	$n_{4j}y_j^2$
[4; 8[	6	1	6	36
[8; 12[	10	5	50	500
[12; 16[	14	10	140	1 960
[16; 20]	18	2	36	648
Total		**18**	**232**	**3 144**

$\bar{y}_4 = \dfrac{116}{9}$

$\text{Var}\,(Y/X = 14) = \dfrac{692}{81}$

$Y/X \in [16; 20]$ **ou** $Y/X = 18$

CLASSES	y_j	n_{5j}	$n_{5j}y_j$	$n_{5j}y_j^2$
[12; 16[	14	1	14	196
[16; 20]	18	2	36	648
Total		**3**	**50**	**844**

$$\bar{y}_5 = \frac{50}{3}$$

$$\text{Var}\,(Y/X = 18) = \frac{32}{9}$$

4°

	$\bar{y}_i$	$n_{i.}$	$f_{i.}$	$f_{i.}\bar{y}_i$	$f_{i.}\bar{y}_i^2$
$X = 2$	6	9	9/100	54/100	324/100
$X = 6$	108/13	26	26/100	216/100	23 328/1 300
$X = 10$	11	44	44/100	484/100	5 324/100
$X = 14$	116/9	18	18/100	232/100	26 912/900
$X = 18$	50/3	3	3/100	50/100	2 500/300
Total		**100**	**1**	$\mathbf{\frac{1\,036}{100}}$	$\mathbf{\frac{1\,318\,124}{11\,700}}$

$$m_1(\overline{Y^c}) = 10{,}36 = \bar{y}$$

$$\text{Var}\,(\overline{Y^c}) = \frac{6\,236\,768}{1\,170\,000} \approx 5{,}33$$

5°

	$Var\ (Y/X = x_i)$	$f_{i.}$	$f_{i.}\ Var\ (Y/X = x_i)$
$X = 2$	64/9	9/100	64/100
$X = 6$	1 492/169	26/100	2 984/1 300
$X = 10$	65/11	44/100	260/100
$X = 14$	692/81	18/100	1 384/900
$X = 18$	32/9	3/100	32/300
Total		**1**	$\mathbf{\frac{84\,004}{11\,700}}$

$$m_1(V_Y^c) = \frac{84\,004}{11\,700} \approx 7{,}18$$

On vérifie l'identité : $\text{Var}\,(\overline{Y^c}) + m_1(V_Y^c) = \dfrac{125\,104}{10\,000} = \text{Var}\,(Y)$

6° On conserve le changement de variables introduit dans la deuxième question et on dresse le tableau suivant :

U \ V	-2	-1	0	1	2	**Σ**
-2	*2* 8	*5* 10	*2* 0			**18**
-1	*1* 2	*12* 12	*10* 0	*3* − 3		**11**
0		*3* 0	*28* 0	*12* 0	*1* 0	**0**
1		*1* − 1	*5* 0	*10* 10	*2* 4	**13**
2				*1* 2	*2* 8	**10**
Σ	**10**	**21**	**0**	**9**	**12**	**52**

Dans chaque case d'entrées (u_i, v_j) on calcule $n_{ij}u_iv_j$ (on a rappelé dans les coins supérieurs gauches les valeurs n_{ij}).

On trouve alors : $\sum_{i=1}^{5} \sum_{j=1}^{5} n_{ij}u_iv_j = 52$

D'où : $\text{Cov}(U, V) = \left(\frac{1}{n} \sum_i \sum_j n_{ij}u_iv_j\right) - \bar{u}\bar{v} = \frac{52}{100} - \left(-\frac{2}{10} \times \frac{9}{100}\right) = 0{,}538$

Donc : $\text{Cov}(X, Y) = 4 \times 4 \times \text{Cov}(U, V) = 16 \times 0{,}538 = 8{,}608$

Puisque $\text{Cov}(X, Y) \neq 0$, X et Y ne sont pas statistiquement indépendants.

8 RÉGRESSION ET CORRÉLATION

INTRODUCTION

Soit (X, Y) une statistique à deux dimensions. On s'intéresse ici à une liaison éventuelle entre ces deux caractères (supposés quantitatifs).

La **régression** fournit une expression de cette liaison sous la forme d'une fonction mathématique.

La **corrélation** renseigne sur l'intensité de cette liaison. La liaison entre X et Y peut être :

- *nulle* : X et Y sont non corrélés.
- *intermédiaire* (cas le plus fréquent).
- *fonctionnelle* : il existe une fonction f et/ou une fonction g telles que :

$$Y = f(X), \quad X = g(Y)$$

On appelle **courbe de liaison** la représentation graphique d'une telle fonction.
Si f est bijective, $g = f^{-1}$ et la liaison est dite « fonctionnelle réciproque » (les deux courbes de liaison sont confondues).

■ RÉGRESSION

• *Régression de Y en X, de X en Y*

Soit :
$(x_i, y_j, n_{ij})_{\substack{1 \leqslant i \leqslant p \\ 1 \leqslant j \leqslant q}}$ la distribution statistique de (X, Y),
$\mathcal{N} = \{ M_{ij}(x_i, y_j) \}_{\substack{1 \leqslant i \leqslant p \\ 1 \leqslant j \leqslant q}}$ le nuage de points pondérés associé.

Lorsqu'on cherche à expliquer Y par X, on effectue une régression de Y en X (si l'on cherche aussi à expliquer X par Y, on effectue une régression de X en Y), c'est-à-dire qu'on cherche à déterminer une fonction f des valeurs x_i de X dont la représentation graphique $\mathcal{G} = \{ P_i(x_i, f(x_i)) \}_{1 \leqslant i \leqslant p}$ soit **« la plus proche »** possible du nuage $\mathcal{N}$.
Le plus souvent, « la plus proche » s'entend au sens « des moindres carrés ».

• *Méthode des moindres carrés*

Notons $e_{ij} = y_j - f(x_i)$ les **écarts verticaux** (parallèles à l'axe des y) entre les points de $\mathcal{N}$ et ceux de $\mathcal{G}$, pour $i = 1 \ldots p$ et $j = 1 \ldots q$.
La méthode des moindres carrés consiste à déterminer la fonction f qui rend minimum la quantité :

$$\Delta = \frac{1}{n} \sum_{i=1}^{p} \sum_{j=1}^{q} n_{ij} e_{ij}^2 = \sum_{i=1}^{p} \sum_{j=1}^{q} f_{ij} e_{ij}^2$$

Pour la régression de X en Y, on peut appliquer la méthode des moindres carrés aux **écarts horizontaux** (parallèles à l'axe des x) : $e'_{ij} = x_i - g(y_j)$. En général la fonction g ainsi déterminée n'est pas la réciproque de f.

On démontre que les représentations graphiques $\mathcal{G}$ les plus proches de $\mathcal{N}$ au sens des moindres carrés sont les courbes de régression.

• *Courbes de régression*

On appelle courbe de régression de Y en X la représentation graphique de la fonction : $x_i \longmapsto \bar{y}_i$ (moyenne conditionnelle de Y liée par $X = x_i$ pour $1 \leqslant i \leqslant p$).
De même, la courbe de régression de X en Y est la représentation graphique de la fonction : $y_j \longmapsto \bar{x}_j$ (moyenne conditionnelle de X liée par $Y = y_j$ pour $1 \leqslant j \leqslant q$).
En fait, le plus souvent, ces « courbes » sont des lignes polygonales obtenues en joignant les points de coordonnées $(x_i, \bar{y}_i)$ ou $(\bar{x}_j, y_j)$.

Remarques :

– Si X et Y sont indépendants, la courbe de régression de Y en X est une droite parallèle à l'axe des x et la courbe de régression de X en Y est une droite parallèle à l'axe des y; X et Y sont non corrélés.
ATTENTION! la réciproque est fausse : l'indépendance est un cas particulier de non corrélation, deux caractères non corrélés ne sont pas forcément indépendants.

– si Y (respectivement X) est lié fonctionnellement à X (resp. Y), la courbe de régression de Y en X (resp. de X en Y) est confondue avec la courbe de liaison.

▪ AJUSTEMENT

• En général, les courbes de régression représentent des fonctions complexes et guère exploitables. On préfère donc choisir, en tenant compte de la forme du nuage, une famille de fonctions simples (polynomiales le plus souvent) dans laquelle on détermine l'élément dont la représentation graphique est « la plus proche » possible de $\mathcal{N}$.

• ***Ajustement affine***

Dans le cas où le nuage présente une forme allongée et linéaire, on choisit la famille des fonctions affines définies par $f(x) = ax + b$, où a et b sont deux réels à déterminer.

Remarque : on peut être ramené à ce cas après une transformation des données; par exemple en posant $u = \ln x$ et/ou $v = \ln y$.

• ***Ajustement affine par la méthode des moindres carrés***

Les droites des moindres carrés (D) et (D') ont pour équation :

$$(D) \ : y = ax + b$$
$$(D') : x = a'y + b' \quad \text{ou} \quad y = (1/a')x - (b'/a')$$

1° On calcule les moyennes marginales $\bar{x}$ et $\bar{y}$.

2° On calcule le coefficient directeur a et/ou a' à l'aide des formules :

$$a = \frac{\text{Cov}(X, Y)}{\text{Var}(X)} \qquad a' = \frac{\text{Cov}(X, Y)}{\text{Var}(Y)}$$

3° On calcule le coefficient b et/ou b' à l'aide des formules :

$$b = \bar{y} - a\bar{x} \qquad b' = \bar{x} - a'\bar{y}$$

Remarque : Les deux droites D et D' contiennent le centre de gravité du nuage : $G(\bar{x}, \bar{y})$. Leurs équations peuvent donc s'écrire :

$$(D) : y - \bar{y} = a(x - \bar{x}) \quad \text{et} \quad (D') : x - \bar{x} = a'(y - \bar{y})$$

▪ CORRÉLATION

• ***Rapports de corrélation***

On a vu au chapitre précédent que :

$$\text{Var}(X) = \sum_{j=1}^{q} f_{.j} \text{Var}(X/Y = y_j) + \text{Var}(\overline{X^c})$$
$$\text{Var}(Y) = \sum_{i=1}^{p} f_{i.} \text{Var}(Y/X = x_i) + \text{Var}(\overline{Y^c})$$

Définition

Le rapport de corrélation est la proportion de la variance marginale représentée par la variance des moyennes conditionnelles :

$$\boxed{\eta^2(Y/X) = \frac{\textbf{Var}(\overline{Y^c})}{\textbf{Var}(Y)} \quad \text{et} \quad \eta^2(X/Y) = \frac{\textbf{Var}(\overline{X^c})}{\textbf{Var}(X)}}$$

Remarques :
Les rapports de corrélation mesurent l'intensité de la liaison entre les deux caractères X et Y. En général, ils sont différents : $\boldsymbol{\eta^2(Y/X) \neq \eta^2(X/Y)}$
On a : $\boldsymbol{0 \leqslant \eta^2 \leqslant 1}$

Signification

$\eta^2(Y/X) = 0$ si, et seulement si, Y est non corrélé avec X.
$\eta^2(Y/X) = 1$ si, et seulement si, Y est lié fonctionnellement à X.

Propriété

η^2 est invariant si on effectue un changement d'origine et/ou d'unité sur X et/ou Y.

• ***Coefficient de détermination***

Soit $y = ax + b$ l'équation de la droite (D) d'ajustement de Y en X.

Posons :

$\hat{y}_i = ax_i + b$ pour $i \in \{1, ..., p\}$

$e_{ij} = y_j - \hat{y}_i$ pour $i \in \{1, ..., p\}$ et $j \in \{1, ..., q\}$

$\delta_j = y_j - \bar{y}$ pour $j \in \{1, ..., q\}$

$d_i = \hat{y}_i - \bar{y}$ pour $i \in \{1, ..., p\}$

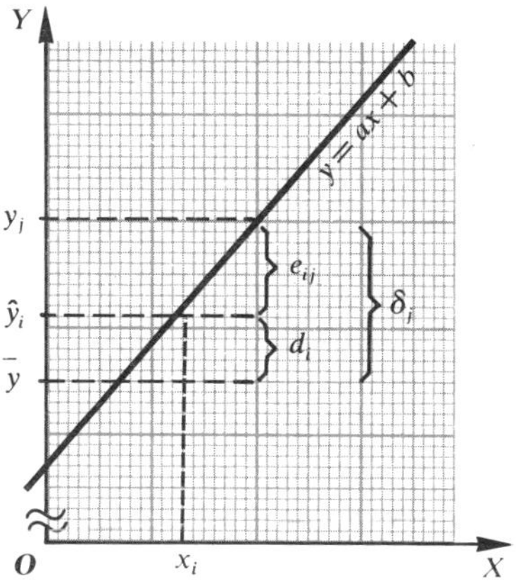

On démontre que :

$$\sum_{i=1}^{p} \sum_{j=1}^{q} f_{ij}\delta_j^2 = \sum_{i=1}^{p} \sum_{j=1}^{q} f_{ij}e_{ij}^2 + \sum_{i=1}^{p} \sum_{j=1}^{q} f_{ij}d_i^2$$

c'est-à-dire : Variance marginale = Variance résiduelle autour de (D) + Variance « expliquée » par la droite (D)

noté : $\sigma^2(Y) = \sigma_r^2 + \sigma_e^2$

de même : $\sigma^2(X) = \sigma_r'^2 + \sigma_e'^2$

Définition

Le coefficient de détermination est la proportion de la variance marginale représentée par la variance « expliquée » par la droite d'ajustement :

$$\boldsymbol{r^2 = \frac{\sigma_e^2}{\sigma^2(Y)} = \frac{\sigma_e'^2}{\sigma'^2(X)}}$$

Remarque : Il n'y a qu'un seul coefficient de détermination; il « résume » les deux ajustements (Y en X et X en Y) en ce sens que :

$$r^2 = aa' = \frac{\text{Cov}^2\,(X, Y)}{\text{Var}\,(X)\ \text{Var}\,(Y)}$$

Signification

On a toujours : $0 \leqslant r^2 \leqslant 1$.
Si $r^2 = 1$: les deux droites d'ajustement sont confondues; il existe une liaison fonctionnelle affine entre Y et X.
Si $r^2 > 3/4$: forte corrélation.
Si $r^2 = 0$: X et Y ne sont pas corrélés.

• ***Coefficient de corrélation linéaire***

Définition

On appelle coefficient de corrélation linéaire de X et Y le réel r défini par :

$$\boxed{r = \frac{\mathrm{Cov}\,(X, Y)}{\sigma(X)\sigma(Y)}}$$

On a : $-1 \leqslant r \leqslant 1$
Le nuage de points est une droite si, et seulement si, $r = 1$ (droite ascendante) ou $r = -1$ (droite descendante).

Propriété

Le coefficient de corrélation est invariant par changement d'unité et/ou d'origine.

▪ RÉGRESSION

1. Dans le problème **9** du chapitre précédent, on a obtenu les résultats suivants :

y_j	2	6	10	14	18
$\bar{x}_j$	$\frac{10}{3}$	6	$\frac{46}{5}$	$\frac{148}{13}$	$\frac{74}{5}$

x_i	2	6	10	14	18
$\bar{y}_i$	6	$\frac{108}{13}$	11	$\frac{116}{9}$	$\frac{50}{3}$

Tracer les « courbes » de régression de X en Y et de Y en X.

Réponse :

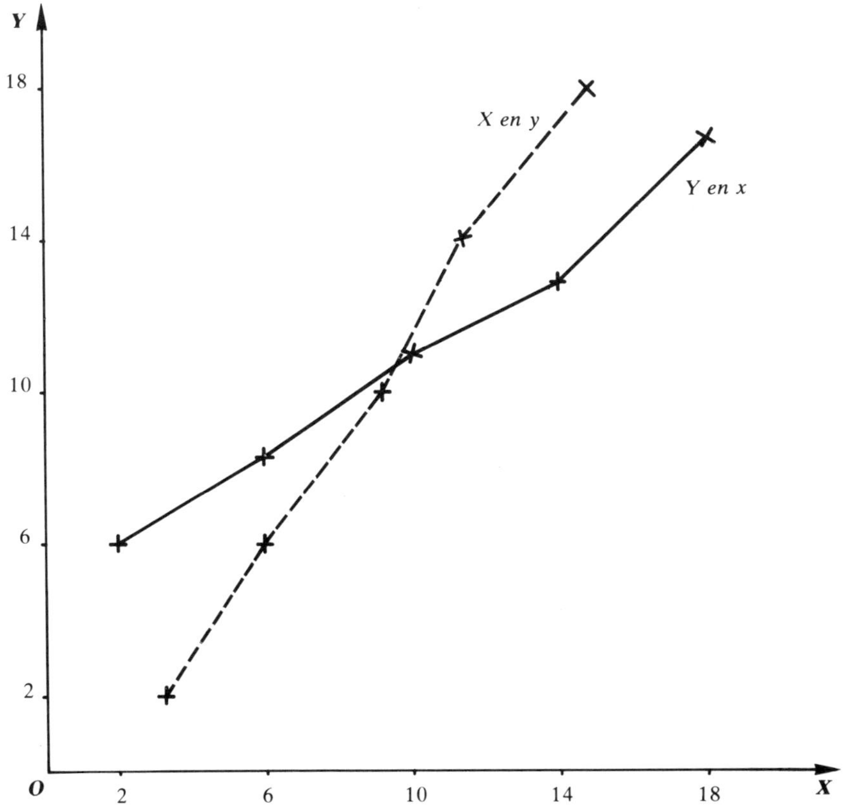

2. Dans une banque, on considère un échantillon de 12 clients choisis au hasard. On note X le nombre de chèques émis et Y le nombre de visites à l'agence, de chaque client durant un trimestre. On obtient :

X	34	42	53	30	50	60	46	57	32	24	36	28
Y	12	14	15	10	15	17	12	14	10	9	11	10

1° Calculer Cov (X, Y).
2° Chercher la droite d'ajustement de X en Y, puis la droite d'ajustement de Y en X.
3° Tracer sur un graphique les points (x_i, y_i) et les droites d'ajustement.

Réponses :

1°

x_i	y_i	x_iy_i	x_i^2	y_i^2
34	12	408	1 156	144
42	14	588	1 764	196
53	15	795	2 809	225
30	10	300	900	100
50	15	750	2 500	225
60	17	1 020	3 600	289
46	12	552	2 116	144
57	14	798	3 249	196
32	10	320	1 024	100
24	9	216	576	81
36	11	396	1 296	121
28	10	280	784	100
492	**149**	**6 423**	**21 774**	**1 921**

Pour calculer la covariance, il faut calculer la moyenne de chaque variable. On a :

$$\bar{x} = \frac{\sum_{i=1}^{n} x_i}{n} = \frac{492}{12} = 41 \qquad \bar{y} = \frac{\sum_{i=1}^{n} y_i}{n} = \frac{149}{12} \approx 12{,}42$$

$$\text{Cov}\,(X, Y) = \frac{1}{n} \sum_{i=1}^{n} (x_i - \bar{x})(y_i - \bar{y}) = \left(\frac{1}{n} \sum_{i=1}^{n} x_i y_i\right) - \bar{x}\,\bar{y}$$

Donc, on peut calculer la covariance à l'aide des résultats consignés dans le tableau :

$$\text{Cov}\,(X, Y) = \frac{6\,423}{12} - 41 \times 12{,}42 = 26{,}03$$

2° Droite d'ajustement de Y en X
L'équation de cette droite s'écrit :

$$y - \bar{y} = a(x - \bar{x}) \quad \text{avec} \quad a = \frac{\text{Cov}\,(X, Y)}{\sigma^2(X)}$$

c'est-à-dire : $y - 12{,}42 = \dfrac{26{,}03}{133{,}5}(x - 41)$

car : $\sigma^2(X) = \dfrac{21\,774}{12} - 41^2 = 133{,}5$

D'où l'équation de la droite : $\boldsymbol{y = 0{,}195x + 4{,}426}$

Droite d'ajustement de X en Y

L'équation de cette droite s'écrit :

$$y - \bar{y} = \frac{1}{a'}(x - \bar{x}) \quad \text{avec} \quad \frac{1}{a'} = \frac{\sigma^2(Y)}{\text{Cov}(X, Y)}$$

c'est-à-dire : $y - 12{,}42 = \dfrac{5{,}83}{26{,}03}(x - 41)$

car : $\sigma^2(Y) = \dfrac{1\,921}{12} - 12{,}42^2 \approx 5{,}83$

D'où l'équation de la droite : $\boldsymbol{y = 0{,}224x + 3{,}237}$

On peut remarquer que les coefficients directeurs des deux droites sont très voisins; les deux droites sont donc très proches l'une de l'autre.

3°

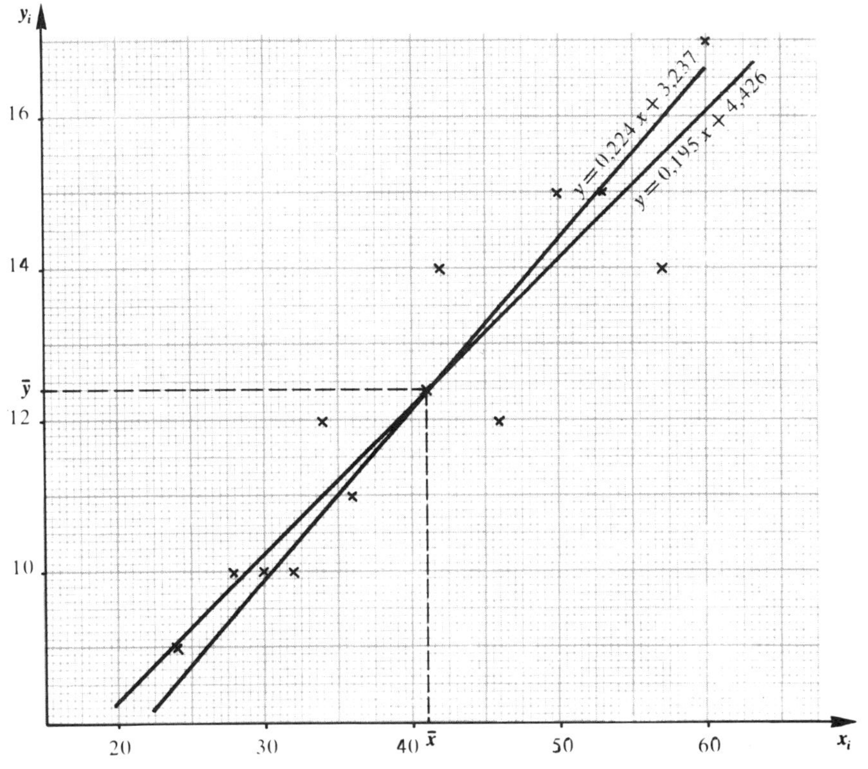

3. On considère la statistique double définie par le tableau suivant :

X \ Y	1	2	3	4	5	6
[0; 3 000[	14	16	9	5	1	0
[3 000; 6 000[	81	85	89	61	72	57
[6 000; 9 000[	29	68	62	57	50	18
[9 000; 12 000[	17	57	41	31	22	12
[12 000; 15 000[	3	19	21	18	12	7
[15 000; 18 000[	1	7	5	9	0	2

Déterminer les droites d'ajustement de X en Y et de Y en X.

Réponses :

On dresse le tableau suivant avec les changements de variables :

$u_i = \dfrac{x_i - 7\,500}{1\,000}$ (x_i centre de la classe numéro i)

et $v_j = y_j - 3$

U \ V	-2	-1	0	1	2	3	$n_{i.}$	$n_{i.}u_i$	$n_{i.}u_i^2$
-6	14	16	9	5	1	0	45	$-$ 270	1 620
-3	81	85	89	61	72	57	445	$-$ 1 335	4 005
0	29	68	62	57	50	18	284	0	0
3	17	57	41	31	22	12	180	540	1 620
6	3	19	21	18	12	7	80	480	2 880
9	1	7	5	9	0	2	24	216	1 944
$n_{.j}$	145	252	227	181	157	96	**Σ = 1 058**	**Σ = − 369**	**Σ = 12069**
$n_{.j}v_j$	$-$ 290	$-$ 252	0	181	314	288	**Σ = 241**		
$n_{.j}v_j^2$	580	252	0	181	628	864	**Σ = 2 505**		

On a $\bar{u} = \dfrac{1}{n}\sum_{i=1}^{6} n_{i.}u_i = \dfrac{-369}{1\,058} \approx -0{,}349$

$\bar{v} = \dfrac{1}{n}\sum_{j=1}^{6} n_{.j}v_j = \dfrac{241}{1\,058} \approx 0{,}228$

$\text{Var}(U) = \left(\dfrac{1}{n}\sum_{i=1}^{6} n_{i.}u_i^2\right) - \bar{u}^2 = \dfrac{12\,069}{1\,058} - \left(\dfrac{-369}{1\,058}\right)^2 \approx 11{,}286$

$\text{Var}(V) = \left(\dfrac{1}{n}\sum_{j=1}^{6} n_{.j}v_j^2\right) - \bar{v}^2 = \dfrac{2\,505}{1\,058} - \left(\dfrac{241}{1\,058}\right)^2 \approx 2{,}316$

Donc : $\bar{x} \approx 1\,000 \times (-0{,}349) + 7\,500 = 7\,151$

$\bar{y} \approx 0{,}228 + 3 \approx 3{,}2$

Puis on dresse le tableau suivant, pour le calcul de la covariance :

U \ V	-2	-1	0	1	2	3	Σ
-6	168	96	0	− 30	− 12	0	**222**
-3	486	255	0	− 183	− 432	− 513	**− 387**
0	0	0	0	0	0	0	**0**
3	− 102	− 171	0	93	132	108	**60**
6	− 36	− 114	0	108	144	126	**228**
9	− 18	− 63	0	81	0	54	**54**
Σ	**498**	**3**	**0**	**69**	**− 168**	**− 225**	**177**

On trouve :

$$\text{Cov}(U, V) = \frac{1}{n} \sum_{i,j} n_{ij} u_i v_j - \bar{u}\bar{v} = \frac{177}{1058} - \left(\frac{-369}{1058} \times \frac{241}{1058}\right) \approx 0{,}246\,7$$

Le coefficient directeur de la droite d'ajustement de Y en X est :

$$a = \frac{\text{Cov}(X, Y)}{\text{Var}(X)} = \frac{1\,000\ \text{Cov}(U, V)}{1\,000^2\ \text{Var}(U)} \approx \frac{0{,}246\,7}{11\,286} \approx 0{,}000\,02 \approx 0$$

L'équation $y - \bar{y} = a(x - \bar{x})$ se réduit donc ici à :

$$\boldsymbol{y = \bar{y} \approx 3{,}2}$$

L'équation de la droite d'ajustement de X en Y est :

$$y - \bar{y} = \frac{\text{Var}(Y)}{\text{Cov}(X, Y)}(x - \bar{x}) = \frac{\text{Var}(V)}{1000 \cdot \text{Cov}(U, V)} \cdot (x - \bar{x}) \approx \frac{2{,}316}{246{,}7}(x - \bar{x})$$

Soit : $y - 3{,}2 = 0{,}009(x - 7\,151)$ ou $\boldsymbol{y = 0{,}009x - 63{,}933}$

▪ CORRÉLATION

4. Avec les données du problème **9** du chapitre précédent, on obtient la distribution des moyennes conditionnelles de X liées par Y suivante :

y_j	2	6	10	14	18
$\bar{x}_j$	$\frac{10}{3}$	6	$\frac{46}{5}$	$\frac{148}{13}$	$\frac{74}{5}$
$n_{.j}$	3	21	45	26	5

Sachant que $\text{Var}(X) = \frac{352}{25}$, calculer le rapport de corrélation $\eta^2(X|Y)$.

Réponse : on dresse le tableau suivant :

y_j	$\bar{x}_j$	$f_{.j}$	$f_{.j}\bar{x}_j$	$f_{.j}\bar{x}_j^2$
2	10/3	3/100	10/100	1/3
6	6	21/100	126/100	756/ 100
10	46/5	45/100	414/100	19 044/ 500
14	148/13	26/100	296/100	43 808/ 1 300
18	74/5	5/100	74/100	5 476/ 500
Total		**1**	**920/100**	**1 767 320/19 500**

On trouve alors : $\text{Var}\,(\overline{X^c}) = \dfrac{1\,767\,320}{19\,500} - \left(\dfrac{92}{10}\right)^2 = \dfrac{11\,684}{1\,950}$

D'où : $\eta^2(X \mid Y) = \dfrac{\text{Var}\,(\overline{X^c})}{\text{Var}\,(X)} = \dfrac{11\,684}{1\,950} \times \dfrac{25}{352} \approx 0{,}425\,6$

On pourra vérifier que $\eta^2(X \mid Y)$ est légèrement différent de $\eta^2(Y \mid X) \approx 0{,}426\,1$. Ces deux valeurs indiquent une liaison plutôt médiocre entre X et Y.

5. Dans le problème **9** du chapitre précédent, on a obtenu :

$$\text{Var}\,(U) = 0{,}88 \quad \text{Var}\,(V) = 0{,}781\,9 \quad \text{Cov}\,(U, V) = 0{,}538$$

$$\text{avec} \quad U = \frac{X - 10}{4} \quad \text{et} \quad V = \frac{Y - 10}{4}.$$

Calculer le coefficient de corrélation linéaire de (X, Y).

Réponse :

Le coefficient de corrélation linéaire est invariant par changement d'unité et/ou d'origine; par conséquent :

$$r(X, Y) = r(U, V) = \frac{\text{Cov}\,(U, V)}{\sigma(U)\sigma(V)} = \frac{0{,}538}{\sqrt{0{,}88}\,\sqrt{0{,}781\,9}} \approx 0{,}649$$

6. Le tableau suivant donne la distance de freinage d'un véhicule automobile roulant sur route sèche, en fonction de sa vitesse.

VITESSE en km/h	40	50	60	70	80	90	100	110	120
DISTANCE en m	8	12	18	24	32	40	48	58	72

1° Calculer l'équation de la droite de régression permettant d'estimer la distance de freinage en fonction de la vitesse du véhicule.
2° Calculer le coefficient de corrélation linéaire.
3° Estimer, à l'aide de cette équation, la distance de freinage d'un véhicule roulant à 130 km/h.

7. Soit la série statistique double définie par le tableau de données ponctuelles suivant :

i	1	2	3	4	5
x_i	10	12	18	24	36
y_i	50	60	70	90	130

1° Calculer Var (X), Var (Y), Cov (X, Y).
2° Déterminer la droite d'ajustement de Y en X et calculer le coefficient de corrélation linéaire de (X, Y).
3° Vérifier la décomposition de la variance suivante :

$$\text{Var}(Y) = \sigma_e^2 + \sigma_r^2$$

8. L'étude d'un certain phénomène met en jeu deux caractères quantitatifs X et Y. On contrôle X et on cherche à exprimer Y en fonction de X. Pour cela, on réalise des mesures, y_i, de Y pour des valeurs régulièrement espacées de X. On obtient les résultats suivants :

i	1	2	3	4	5	6	7	8	9	10
x_i	1	3	5	7	9	11	13	15	17	19
y_i	30	64	77	97	119	144	173	208	240	250

Ces résultats permettent d'envisager une liaison affine entre X et Y.

1° Déterminer la droite d'ajustement de Y en X.
2° Déterminer cette même droite sous les hypothèses suivantes :
a) une onzième mesure a donné : pour $x_i = 0$, $y_i = 0$;
b) on est certain que : si $X = 0$, alors $Y = 0$.

9. (*D'après A.E.S., 1re Année*)

Répartition des chefs d'exploitation par âge et par taille de S.A.U*

Y : SURFACE / X : AGE	0 à 10 ha	10 à 30 ha	30 à 50 ha	50 à 100 ha
15 à 25 ans	2	5	1	3
25 à 35 ans	21	18	19	29
35 à 45 ans	40	18	33	59
45 à 55 ans	117	55	67	124
55 à 65 ans	118	70	60	58

* S.A.U. = Surface Agricole Utile.

1° Combien y a-t-il de chefs d'exploitation ayant moins de 45 ans et dont l'exploitation fait plus de 30 hectares de S.A.U.?
2° Calculer les moyennes des distributions conditionnelles de l'âge liées par la superficie.
3° Tracer la courbe de régression de l'âge par rapport à la superficie.
4° Calculer la covariance.
5° Calculer le coefficient de corrélation. Qu'en pensez-vous?

10. ***Coefficient de corrélation des rangs de Spearman***

1° X est un « classement d'ordre n » ($n > 0$), si c'est un caractère dont les valeurs x_i sont les n premiers entiers non nuls, ordonnés ou non.
Calculer $\bar{x}$ et Var (X) sachant que :

$$\sum_{k=1}^{n} k = \frac{n(n+1)}{2} \quad \text{et} \quad \sum_{k=1}^{n} k^2 = \frac{n(n+1)(2n+1)}{6}$$

2° Soit X et Y deux classements d'ordre n. Posons, pour $i = 1 \dots n$:

$$d_i = x_i - y_i$$

a) Calculer Cov (X, Y) en fonction de n et d_i. On pourra utiliser l'identité :

$$(x_i - y_i)^2 = x_i^2 - 2x_i y_i + y_i^2$$

b) En déduire que le coefficient de corrélation linéaire de (X, Y) s'exprime en fonction de n et d_i par la formule :

$$\boldsymbol{r_s = 1 - \frac{6 \sum_{i=1}^{n} d_i^2}{n(n^2 - 1)}}$$

r_s est appelé *coefficient de corrélation des rangs de Spearman.*

3° Application :
On montre à un sujet 12 photographies de plats cuisinés, qu'on lui demande de classer dans l'ordre de ses préférences visuelles (du plus au moins appétissant). Soit X le classement d'ordre 12 ainsi obtenu.
On lui présente ensuite, alors qu'il a les yeux bandés, les 12 plats cuisinés en lui demandant de les classer dans l'ordre de ses préférences olfactives (du plus au moins agréable à l'odeur). Soit Y le classement d'ordre 12 ainsi obtenu.

Les résultats sont les suivants :

PLATS	*A*	*B*	*C*	*D*	*E*	*F*	*G*	*H*	*I*	*J*	*K*	*L*
X	10	8	6	2	5	9	12	1	3	11	4	7
Y	4	8	12	5	9	11	7	2	1	6	10	3

***a*)** Représenter (X, Y) par un nuage de points. Quels sont les plats qui semblent le plus pénalisés par le verdict olfactif?

***b*)** Calculer r_s.

11. *Coefficient bisérial de point*
Soit $x_1, ..., x_p$ les p valeurs d'un caractère quantitatif X et y_1, y_2 les deux seules modalités d'un caractère qualitatif Y.

1° Vérifier que : $\eta^2(X/Y) = \dfrac{n_{.1}n_{.2}(\bar{x}_1 - \bar{x}_2)^2}{n^2 \text{ Var }(X)}$
où $\bar{x}_1$ et $\bar{x}_2$ sont les moyennes conditionnelles de X liées respectivement par $Y = y_1$ et $Y = y_2$.

2° En attribuant des valeurs arbitraires à y_1 et y_2 (par exemple 0 et 1), on peut calculer le coefficient de détermination de (X, Y). On démontre que, dans ce cas particulier, il ne dépend pas des valeurs de Y, puisque l'on a : $r^2 = \eta^2(X/Y)$.
On appelle *coefficient bisérial de point* le nombre :

$$r = \frac{\sqrt{n_{.1}n_{.2}}(\bar{x}_2 - \bar{x}_1)}{n\sigma(X)}$$

Calculer r pour les données suivantes :

Électeurs inscrits par sexe et âge

MILLIERS DE PERSONNES			
AGE	HOMMES	FEMMES	ENSEMBLE
[18; 20[	363	344	707
[20; 25[	1 784	1 779	3 563
[25; 30[	1 775	1 792	3 567
[30; 35[	1 826	1 904	3 730
[35; 40[	1 608	1 661	3 269
[40; 45[	1 280	1 311	2 591
[45; 50[	1 363	1 515	2 878
[50; 55[	1 502	1 572	3 074
[55; 60[	1 357	1 481	2 838
[60; 65[	1 152	1 322	2 474
[65; 70[	721	934	1 655
[70; 75[	900	1 179	2 079
[75; 80[	663	1 033	1 696
80 et plus*	586	1 206	1 792
Total	**16 880**	**19 033**	**35 913**

* prendre 85 pour centre de la dernière classe. (*Source : INSEE*)

6. **1°** Pour calculer la droite de régression, il faut calculer les moyennes et les variances des variables ainsi que la covariance.
La vitesse correspond à la variable X qui est la variable explicative, la distance étant la variable Y.

	x_i	y_i	x_i^2	y_i^2	x_iy_i
	40	8	1 600	64	320
	50	12	2 500	144	600
	60	18	3 600	324	1 080
	70	24	4 900	576	1 680
	80	32	6 400	1 024	2 560
	90	40	8 100	1 600	3 600
	100	48	10 000	2 304	4 800
	110	58	12 100	3 364	6 380
	120	72	14 400	5 184	8 640
Total	**720**	**312**	**63 600**	**14 584**	**29 660**

Donc, on a : $\bar{x} = \dfrac{\sum_i x_i}{9} = \dfrac{720}{9} = 80$

$$\bar{y} = \frac{\sum_i y_i}{9} = \frac{312}{9} \approx 34{,}67$$

$$\text{Var}(X) = \frac{\sum_i x_i^2}{9} - \bar{x}^2 \approx 7\,066{,}67 - 6\,400 \approx 666{,}67 \implies \sigma(X) \approx 25{,}82$$

$$\text{Var}(Y) = \frac{\sum_i y_i^2}{9} - \bar{y}^2 \approx 1\,620{,}44 - 1\,202{,}01 \approx 418{,}43 \implies \sigma(Y) \approx 20{,}46$$

$$\text{Cov}(X, Y) = \frac{\sum_i x_i y_i}{9} - \bar{x}\bar{y} \approx 3\,295{,}56 - 80 \times 34{,}67 \approx 521{,}96$$

On peut calculer a et b, les paramètres de la droite de régression :

$$a = \frac{\text{Cov}(X, Y)}{\sigma^2(X)} \approx \frac{521{,}96}{666{,}67} \approx 0{,}783$$

$$b = \bar{y} - a\bar{x} \approx 34{,}67 - 0{,}783 \times 80 \approx -27{,}970$$

D'où l'équation de la droite : $y = 0{,}783x - 27{,}970$

2° Le coefficient de corrélation linéaire est égal à :

$$r = \frac{\text{cov}(X, Y)}{\sigma(X)\sigma(Y)} = \frac{521{,}96}{25{,}82 \times 20{,}46} \approx 0{,}988$$

Le coefficient de corrélation étant égal à 0,988, on peut considérer que la corrélation entre les variables est très bonne. En fait il n'y a pas de relation linéaire entre vitesse et distance de freinage en général, mais si la vitesse est faible, l'ajustement linéaire permet d'obtenir des estimations acceptables.

3° La distance de freinage d'un véhicule roulant à 130 km/h peut être estimée à l'aide de l'équation de la droite :

$$y = 0{,}783 \times 130 - 27{,}97 = 74{,}21 \text{ m}$$

On peut penser que cette distance de 74 m est légèrement sous-estimée si on se réfère au tableau de départ.

7. 1° On dresse la tableau suivant :

i	x_i	y_i	x_i^2	y_i^2	$x_i y_i$
1	10	50	100	2 500	500
2	12	60	144	3 600	720
3	18	70	324	4 900	1 260
4	24	90	576	8 100	2 160
5	36	130	1 296	16 900	4 680
Σ	100	400	2 440	36 000	9 320
$\Sigma/5$	**20**	**80**	**488**	**7 200**	**1 864**
	$\bar{x}$	$\bar{y}$	$m_2(X)$	$m_2(Y)$	$m_{1,1}(X, Y)$

On trouve : $\text{Var}(X) = m_2(X) - \bar{x}^2 = 488 - 20^2 = 88$

$\text{Var}(Y) = m_2(Y) - \bar{y}^2 = 7\,200 - 80^2 = 800$

$\text{Cov}(X, Y) = m_{1,1}(X, Y) - \bar{x}\bar{y} = 1\,864 - 20 \times 80 = 264$

2° La droite d'ajustement de Y en X a pour équation :

$$y - \bar{y} = \frac{\text{Cov}(X, Y)}{\text{Var}(X)}(x - \bar{x})$$

Soit : $y - 80 = \frac{264}{88}(x - 20)$

d'où : $y = 3x + 20$

Le coefficient de corrélation linéaire de (X, Y) vaut :

$$r = \frac{\text{Cov}(X, Y)}{\sigma(X)\sigma(Y)} = \frac{264}{\sqrt{88} \cdot \sqrt{800}} \approx 0{,}995$$

(très forte corrélation linéaire)

3° Pour vérifier la décomposition de la variance de Y, posons, pour i variant de 1 à 5 : $\hat{y}_i = 3x_i + 20$ et dressons le tableau suivant :

i	$\hat{y}_i = 3x_i + 20$	$y_i - \hat{y}_i$	$(y_i - \hat{y}_i)^2$	$\hat{y}_i - \bar{y}$	$(\hat{y}_i - \bar{y})^2$
1	50	0	0	– 30	900
2	56	4	16	– 24	576
3	74	– 4	16	– 6	36
4	92	– 2	4	12	144
5	128	+ 2	4	48	2 304
Σ	400	0	40	0	3 960
$\Sigma/5$	**80**	**0**	**8**	**0**	**792**
			σ_r^2		σ_e^2

On vérifie bien alors : $\text{Var}(Y) = \sigma_e^2 + \sigma_r^2$
puisque $\text{Var}(Y) = 800$ et $\sigma_e^2 + \sigma_r^2 = 792 + 8 = 800$

8. 1° On dresse le tableau :

i	x_i	y_i	x_i^2	$x_i y_i$
1	1	30	1	30
2	3	64	9	192
3	5	77	25	385
4	7	97	49	679
5	9	119	81	1 071
6	11	144	121	1 584
7	13	173	169	2 249
8	15	208	225	3 120
9	17	240	289	4 080
10	19	250	361	4 750
Total	**100**	**1 402**	**1 330**	**18 140**

On a alors :

$$\bar{x} = \frac{1}{n}\sum_{i=1}^{n} x_i = \frac{100}{10} = 10 \quad \text{et} \quad \bar{y} = \frac{1}{n}\sum_{i=1}^{n} y_i = \frac{1\,402}{10} = 140{,}2$$

$$m_2(X) = \frac{1}{n}\sum_{i=1}^{n} x_i^2 = \frac{1\,330}{10} = 133$$

D'où : Var $(X) = m_2(X) - \bar{x}^2 = 133 - 100 = 33$

$$m_{1,1}(X, Y) = \frac{1}{n}\sum_{i=1}^{n} x_i y_i = \frac{18\,140}{10} = 1\,814$$

D'où : Cov $(X, Y) = m_{1,1}(X, Y) - \bar{x}\,\bar{y} = 1\,814 - 10 \times 140{,}2 = 412$

La droite d'ajustement de Y en X a pour équation :

$$y - \bar{y} = \frac{\text{Cov}\,(X, Y)}{\text{Var}\,(X)}(x - \bar{x}) = \frac{412}{33}(x - \bar{x})$$

ou encore $\mathbf{y = 12{,}48x + 15{,}35}$

2° ***a)*** Les sommes obtenues dans le tableau précédent sont inchangées, mais $n = 11$ au lieu de 10. On obtient alors :

$$\bar{x} \approx 9{,}09; \quad \bar{y} \approx 127{,}45; \quad m_2(X) \approx 120{,}91; \quad \text{Var}\,(X) \approx 38{,}28$$
$$m_{1,1}(X, Y) \approx 1\,649{,}09; \quad \text{Cov}\,(X, Y) \approx 490{,}57$$

et finalement $\mathbf{y = 12{,}82x + 10{,}92}$ pour l'équation de la droite d'ajustement de Y en X.

b) Dans ce cas, la droite d'ajustement de Y en X a une équation du type : $y = ax$
Pour déterminer a, notons $e_i = y_i - ax_i$ les écarts verticaux.
La méthode des moindres carrés consiste à minimiser la somme des carrés de ces écarts :

$$\sum_{i=1}^{n} e_i^2 = \sum_{i=1}^{n} (y_i - ax_i)^2 = \sum_{i=1}^{n} y_i^2 - 2a\sum_{i=1}^{n} x_i y_i + a^2 \sum_{i=1}^{n} x_i^2$$

Il s'agit d'un polynôme du second degré en a dont le minimum s'obtient en annulant sa dérivée; soit :

$$2a\sum_{i=1}^{n} x_i^2 - 2\sum_{i=1}^{n} x_i y_i = 0$$

D'où l'on tire : $a = \dfrac{\sum_{i=1}^{n} x_i y_i}{\sum_{i=1}^{n} x_i^2}$

Ici $a = \dfrac{18\,140}{1\,330} \approx 13{,}64$ et l'équation de la droite d'ajustement de Y en X est donc :
$\mathbf{y = 13{,}64x}$

9. **1°** Le nombre de chefs d'exploitation ayant moins de 45 ans et dont l'exploitation fait plus de 30 ha de S.A.U. est :

$$1 + 19 + 33 + 3 + 29 + 59 = 144$$

2° Les moyennes conditionnelles de l'âge, liées par la superficie, s'obtiennent en dressant le tableau suivant où :

x_i est le centre de la classe d'âge numéro i

$$u_i = \frac{x_i - 50}{10}$$

x_i	u_i	n_{i1}	$n_{i1}u_i$	n_{i2}	$n_{i2}u_i$	n_{i3}	$n_{i3}u_i$	n_{i4}	$n_{i4}u_i$
20	− 3	2	− 6	5	− 15	1	− 3	3	− 9
30	− 2	21	− 42	18	− 36	19	− 38	29	− 58
40	− 1	40	− 40	18	− 18	33	− 33	59	− 59
50	0	117	0	55	0	67	0	124	0
60	1	118	118	70	70	60	60	58	58
Total		**298**	**30**	**166**	**1**	**180**	**− 14**	**273**	**− 68**

On a alors :

$$\bar{u}_1 = \frac{30}{298} \approx 0{,}101 \qquad \text{donc} \quad \bar{x}_1 = 10\bar{u}_1 + 50 \approx 51$$

$$\bar{u}_2 = \frac{1}{166} \approx 0{,}006 \qquad \text{donc} \quad \bar{x}_2 = 10\bar{u}_2 + 50 \approx 50$$

$$\bar{u}_3 = \frac{-14}{180} \approx -0{,}078 \qquad \text{donc} \quad \bar{x}_3 = 10\bar{u}_3 + 50 \approx 49{,}2$$

$$\bar{u}_4 = \frac{-68}{273} \approx -0{,}249 \qquad \text{donc} \quad \bar{x}_4 = 10\bar{u}_4 + 50 \approx 47{,}5$$

3° La courbe de régression de l'âge par rapport à la superficie, est la courbe de régression de X en Y.

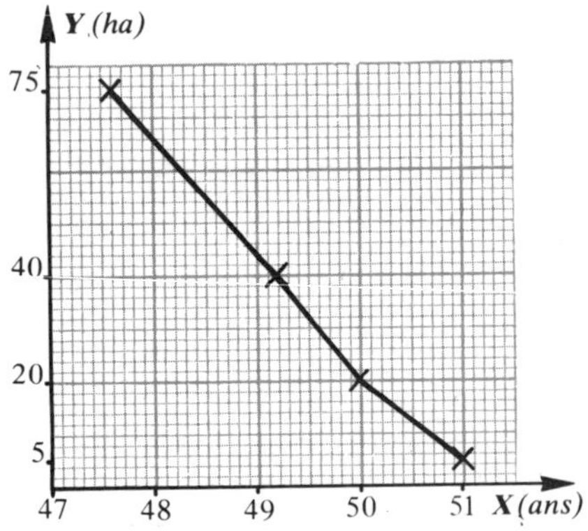

4° Pour calculer la covariance de X et Y, on utilise les changements de variables :

$$u_i = \frac{x_i - 50}{10} \quad \text{et} \quad v_j = \frac{y_j - 40}{5}$$

et on dresse les tableaux suivants :

x_i	u_i	$n_{i.}$	$n_{i.}u_i$	$n_{i.}u_i^2$
20	− 3	11	− 33	99
30	− 2	87	− 174	348
40	− 1	150	− 150	150
50	0	363	0	0
60	1	306	306	306
Total		**917**	**− 51**	**903**

y_j	v_j	$n_{.j}$	$n_{.j}v_j$	$n_{.j}v_j^2$
5	− 7	298	− 2 086	14 602
20	− 4	166	− 664	2 656
40	0	180	0	0
75	7	273	1 911	13 377
Total		**917**	**− 839**	**30 635**

u_i \ v_j	− 7	− 4	0	7	**Total**
− 3	42	60	0	− 63	**39**
− 2	294	144	0	− 406	**32**
− 1	280	72	0	− 413	**− 61**
0	0	0	0	0	**0**
1	− 826	− 280	0	406	**− 700**
Total	**− 210**	**− 4**	**0**	**− 476**	**− 690**

On calcule alors :

$$\bar{u} = \frac{-51}{917}, \quad \bar{v} = \frac{-839}{917} \quad \text{et} \quad m_{1,1}(U, V) = \frac{-690}{917}$$

D'où : $\text{Cov}\,(U, V) = \frac{-690}{917} - \left(\frac{-51}{917} \times \frac{-839}{917}\right) = -\frac{675\,519}{840\,889} \approx -0{,}80$

Donc : $\text{Cov}\,(X, Y) = 10 \times 5\ \text{Cov}\,(U, V) \approx -40$

Cette covariance négative indique que X et Y varient en sens contraire : plus la S.A.U. est grande, plus le chef d'exploitation est jeune.

5° On sait que : $r^2 = \dfrac{\text{Cov}(X, Y)^2}{\text{Var}(X)\,\text{Var}(Y)} = \dfrac{\text{Cov}(U, V)^2}{\text{Var}(U)\,\text{Var}(V)}$

Or : $\text{Var}(U) = \dfrac{903}{917} - \left(\dfrac{-51}{917}\right)^2 = \dfrac{825\,450}{840\,889} \approx 0{,}98$

$$\text{Var}(V) = \frac{30\,635}{917} - \left(\frac{-839}{917}\right)^2 = \frac{27\,388\,374}{840\,889} \approx 32{,}57$$

D'où $r^2 = \dfrac{675\,519^2}{825\,450 \times 27\,388\,374} \approx 0{,}020$

Donc $r \approx 0{,}14$

10. 1° Les valeurs de X étant les n premiers entiers non nuls, on a :

$$\bar{x} = \frac{1}{n}\sum_{i=1}^{n} x_i = \frac{1}{n}\sum_{k=1}^{n} k = \frac{1}{n}\cdot\frac{n(n+1)}{2} = \frac{n+1}{2}$$

$$m_2(X) = \frac{1}{n}\sum_{i=1}^{n} x_i^2 = \frac{1}{n}\sum_{k=1}^{n} k^2 = \frac{1}{n}\cdot\frac{n(n+1)(2n+1)}{6} = \frac{(n+1)(2n+1)}{6}$$

D'où : $\text{Var}(X) = m_2(X) - \bar{x}^2 = \dfrac{(n+1)(2n+1)}{6} - \dfrac{(n+1)^2}{4}$

$$= \frac{n+1}{2}\left(\frac{2n+1}{3} - \frac{n+1}{2}\right) = \frac{(n+1)(n-1)}{12} = \frac{n^2-1}{12}$$

2° *a*) $\text{Cov}(X, Y) = \left(\dfrac{1}{n}\displaystyle\sum_{i=1}^{n} x_i y_i\right) - \bar{x}\bar{y}$

De l'identité $\displaystyle\sum_{i=1}^{n}(x_i - y_i)^2 = \sum_{i=1}^{n}(x_i^2 - 2x_i y_i + y_i^2)$,

on tire : $2\displaystyle\sum_{i=1}^{n} x_i y_i = \sum_{i=1}^{n} x_i^2 + \sum_{i=1}^{n} y_i^2 - \sum_{i=1}^{n} d_i^2$ (puisque $x_i - y_i = d_i$)

D'où : $\dfrac{1}{n}\displaystyle\sum_{i=1}^{n} x_i y_i = \dfrac{1}{2}\left[\dfrac{(n+1)(2n+1)}{6} + \dfrac{(n+1)(2n+1)}{6} - \dfrac{1}{n}\sum_{i=1}^{n} d_i^2\right]$

Donc : $\text{Cov}(X, Y) = \dfrac{(n+1)(2n+1)}{6} - \dfrac{1}{2n}\displaystyle\sum_{i=1}^{n} d_i^2 - \dfrac{(n+1)^2}{4}$

$$= \frac{n^2-1}{12} - \frac{1}{2n}\sum_{i=1}^{n} d_i^2$$

***b*) Coefficient de corrélation linéaire**

$$r_s = \frac{\text{Cov}(X, Y)}{\sigma(X)\sigma(Y)} = \frac{\dfrac{n^2-1}{12} - \dfrac{1}{2n}\displaystyle\sum_{i=1}^{n} d_i^2}{\sqrt{\dfrac{n^2-1}{12}}\sqrt{\dfrac{n^2-1}{12}}}$$

$$r_s = 1 - \frac{\displaystyle\sum_{i=1}^{n} d_i^2}{2n} \times \frac{12}{n^2-1} = 1 - \frac{6\displaystyle\sum_{i=1}^{n} d_i^2}{n(n^2-1)}.$$

3° Application :

a) La première bissectrice partage les plats en deux catégories :

— au-dessous : ceux dont le classement « au nez » est meilleur que le classement « à l'œil »;

— au-dessus : ceux dont le classement « au nez » est moins bon que le classement « à l'œil ».

(Le point B est situé sur la bissectrice : son classement est inchangé.)

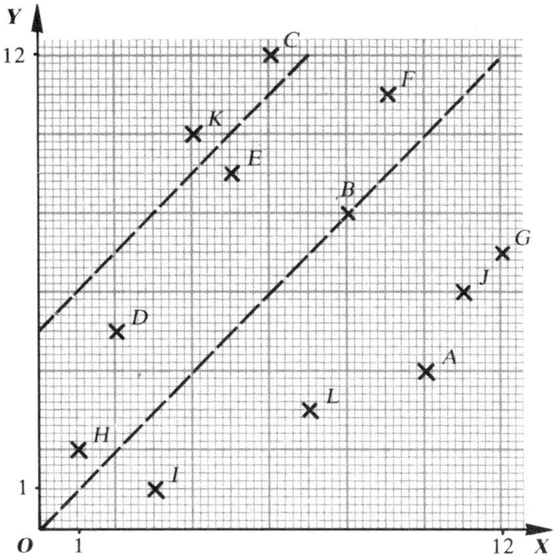

Les plats qui perdent plus de cinq places au deuxième classement sont représentés par des points situés au-dessus de la droite d'équation : $y = x + 5$. Il s'agit des plats C et K qui semblent ainsi les plus désavantagés par le classement olfactif. De même, on pourrait observer que le plat A gagne à être humé!!

b) On dresse le tableau :

PLAT	*A*	*B*	*C*	*D*	*E*	*F*	*G*	*H*	*I*	*J*	*K*	*L*	**Total**
x_i	10	8	6	2	5	9	12	1	3	11	4	7	
y_i	4	8	12	5	9	11	7	2	1	6	10	3	
d_i	6	0	− 6	− 3	− 4	− 2	5	− 1	2	5	− 6	4	
d_i^2	36	0	36	9	16	4	25	1	4	25	36	16	**208**

On a alors :

$$r_S = 1 - \frac{6 \times 208}{12(144 - 1)} = 1 - \frac{104}{143} \approx 0{,}27 \quad \text{(médiocre)}$$

11. 1° Par définition, on a : $\eta^2(X/Y) = \dfrac{\text{Var}\,(\overline{X^c})}{\text{Var}\,(X)}$

Or $\text{Var}\,(\overline{X^c}) = m_2(\overline{X^c}) - m_1^2(\overline{X^c})$

$$= \frac{n_{.1}\bar{x}_1^2 + n_{.2}\bar{x}_2^2}{n} - \left(\frac{n_{.1}\bar{x}_1 + n_{.2}\bar{x}_2}{n}\right)^2$$

où $n = n_{.1} + n_{.2}$ puisqu'ici $j = 1$ ou 2.

Ainsi :

$$\text{Var}(\overline{X^c}) = \frac{1}{n^2}[(n_{.1} + n_{.2})(n_{.1}\bar{x}_1^2 + n_{.2}\bar{x}_2^2) - (n_{.1}^2\bar{x}_1^2 + 2n_{.1}n_{.2}\bar{x}_1\bar{x}_2 + n_{.2}^2\bar{x}_2^2)]$$

$$= \frac{1}{n^2}[n_{.1}n_{.2}(\bar{x}_1^2 + \bar{x}_2^2 - 2\bar{x}_1\bar{x}_2)] = \frac{n_{.1}n_{.2}(\bar{x}_1 - \bar{x}_2)^2}{n^2}$$

D'où : $\eta^2(X/Y) = \dfrac{n_{.1}n_{.2}(\bar{x}_1 - \bar{x}_2)^2}{n^2 \text{ Var }(X)}$

2° On dresse le tableau suivant :

x_i	u_i	n_{i1}	n_{i2}	$n_{i.}$	$n_{i.}u_i$	$n_{i.}u_i^2$	$n_{i1}u_i$	$n_{i2}u_i$
19	– 5,7	363	344	707	– 4 029,9	22 970,4	– 2 069,1	– 1 960,8
22,5	– 5	1 784	1 779	3 563	– 17 815	89 075	– 8 920	– 8 895
27,5	– 4	1 775	1 792	3 567	– 14 268	57 072	– 7 100	– 7 168
32,5	– 3	1 826	1 904	3 730	– 11 190	33 570	– 5 478	– 5 712
37,5	– 2	1 608	1 661	3 269	– 6 538	13 076	– 3 216	– 3 322
42,5	– 1	1 280	1 311	2 591	– 2 591	2 591	– 1 280	– 1 311
47,5	0	1 363	1 515	2 878	0	0	0	0
52,5	1	1 502	1 572	3 074	3 074	3 074	1 502	1 572
57,5	2	1 357	1 481	2 838	5 676	11 352	2 714	2 962
62,5	3	1 152	1 322	2 474	7 422	22 266	3 456	3 966
67,5	4	721	934	1 655	6 620	26 480	2 884	3 736
72,5	5	900	1 179	2 079	10 395	51 975	4 500	5 895
77,5	6	663	1 033	1 696	10 176	61 056	3 978	6 198
85	7,5	586	1 206	1 792	13 440	100 800	4 395	9 045
Total		**16 880**	**19 033**	**35 913**	**371,1**	**495 357,4**	**– 4 634,1**	**5 005,2**

où : x_i est le centre de la $i^{\text{ème}}$ classe d'âge

$u_i = \dfrac{x_i - 47{,}5}{5}$ est un changement de variable destiné à simplifier les calculs.

On trouve alors : $\bar{u} = \dfrac{371{,}1}{35\,913} \approx 0{,}01$

D'où : $\text{Var }(U) = \dfrac{495\,357{,}4}{35\,913} - (0{,}01)^2 \approx 13{,}79 \Longrightarrow \sigma(U) \approx 3{,}7$

Donc : $\sigma(X) \approx 5 \times 3{,}7 = 18{,}5$

Par ailleurs :

$$\bar{u}_1 = \frac{-\,4\,634{,}1}{16\,880} \approx -\,0{,}275, \quad \text{d'où} \quad \bar{x}_1 = 5\bar{u}_1 + 47{,}5 \approx 46{,}1$$

$$\bar{u}_2 = \frac{5\,005{,}2}{19\,033} \approx 0{,}263, \quad \text{d'où} \quad \bar{x}_2 = 5\bar{u}_2 + 47{,}5 \approx 48{,}8$$

Par conséquent : $r \approx \dfrac{\sqrt{16\,880 \times 19\,033}\,(48{,}8 - 46{,}1)}{35\,913 \times 18{,}5} \approx 0{,}07$

SÉRIES CHRONOLOGIQUES 9

- DÉFINITIONS
- REPRÉSENTATIONS GRAPHIQUES
- ANALYSE D'UNE SÉRIE CHRONOLOGIQUE
- LA PRÉVISION À COURT TERME

■ DÉFINITION

On appelle **séries chronologiques** (ou **chroniques**), des séries d'observations **échelonnées dans le temps.**

Les observations peuvent porter sur un phénomène unique (*exemple* : pression atmosphérique mesurée en un lieu précis) ou sur un ensemble d'individus (*exemple* : évolution de la durée de vie des Français).

Remarques :

1° Le temps pouvant être considéré comme une variable statistique, les séries chronologiques sont des cas particuliers des séries statistiques à deux dimensions.

2° Les grandeurs mesurées peuvent être de deux types : **niveau** ou **flux.**
— Mesurer une grandeur observée à un instant t donné correspond à un niveau.
— Mesurer la variation d'une grandeur durant une période $[t, t + 1]$ correspond à un flux.

3° Les périodicités sont quelconques. L'année, le trimestre, le mois, le jour sont les périodicités les plus courantes.

■ REPRÉSENTATIONS GRAPHIQUES

• *Diagrammes à échelle arithmétique*

Le phénomène est représenté dans un système d'axes orthogonaux à échelle arithmétique, le temps étant porté sur l'axe des abscisses.

• *Diagrammes à échelle semi-logarithmique*

Le temps est toujours sur l'axe des abscisses dont l'échelle est arithmétique. L'axe des ordonnées comporte une échelle logarithmique. On porte sur l'axe des ordonnées le logarithme de la valeur observée.

On utilise les diagrammes à échelle logarithmique si :
— les nombres à porter sur l'axe des ordonnées sont dans un intervalle trop grand pour utiliser une échelle arithmétique;
— on veut mettre en évidence un phénomène qui n'apparaît pas aussi clairement sur une échelle arithmétique.
Remarque : On peut également faire des diagrammes pour lesquels les deux axes sont à échelles logarithmiques (diagrammes Log-Log).

• ***Diagrammes polaires***

Dans un système polaire de centre O, un point P est repéré par la longueur OP, appelée **module,** et l'angle que fait OP et l'axe de référence, appelé **argument.**

Lorsque l'on a des valeurs associées à un phénomène périodique (mensuel par exemple), le diagramme polaire permet de voir l'évolution du phénomène grâce à une spirale. Si la spirale est **centrifuge,** le phénomène est **en croissance;** si la spirale est **centripète,** le phénomène est **décroissant.**

• ***Diagrammes triangulaires***

Les diagrammes triangulaires peuvent également être utilisés pour représenter des séries chronologiques. On peut alors, au fur et à mesure de l'évolution dans le temps, visualiser la position à l'intérieur du triangle (voir chapitre **2**).

▪ ANALYSE D'UNE SÉRIE CHRONOLOGIQUE

• Une série chronologique se décompose en plusieurs composantes qui se combinent.
— la tendance *(trend)* ou mouvement conjoncturel, noté $\boldsymbol{t_t}$;
— les variations saisonnières, notées $\boldsymbol{s_t}$;
— le cycle, noté $\boldsymbol{c_t}$;
— les variations accidentelles ou résiduelles, notées $\boldsymbol{r_t}$.
Certaines séries peuvent ne présenter qu'une ou deux de ces composantes.

Les schémas de décomposition les plus courants sont :

— **le schéma additif :** $\boldsymbol{x_t = t_t + s_t + c_t + r_t}$

— **le schéma multiplicatif :** $\boldsymbol{x_t = t_t \cdot s_t \cdot c_t \cdot r_t}$

Remarque : Le schéma multiplicatif peut se ramener au schéma additif en utilisant les logarithmes. Si $t_t, s_t, c_t, r_t > 0$:

$$\ln x_t = \ln t_t + \ln s_t + \ln c_t + \ln r_t$$

Dans le cas d'un flux, les valeurs brutes ne correspondent pas toujours à des périodes de même durée. Il est alors préférable d'utiliser des valeurs corrigées. Par exemple, le nombre de jours par mois n'étant pas constant pour chaque mois, la valeur corrigée du mois t est :

$$\text{val. corrigée du mois } t = \frac{(\text{val. brute du mois } t) \times (\text{nbre moyen de jours})}{\text{nombre de jours du mois } t}$$

L'analyse d'une série chronologique a pour but de faire de la prévision à court terme. Nous allons donc étudier chacune des composantes d'une série.

- ***La tendance***

Si les valeurs de la série chronologique ne présentent pas de variations saisonnières, ni de cycle, on obtient une série du type suivant :

$$x_t = t_t + r_t$$

La méthode la plus employée pour estimer la tendance consiste à faire une régression sur les valeurs x à l'aide d'un polynôme de degré n. Le plus souvent, on pratique un ajustement affine ($n = 1$).

- ***Les variations saisonnières***

Si la série comporte des effets saisonniers, la décomposition est alors du type suivant :

$$x_t = t_t + s_t + r_t$$

Remarque : Certains tests permettent de déceler l'existence éventuelle d'une saisonnalité si celle-ci n'est pas évidente.
On cherche alors à désaisonnaliser la série, c'est-à-dire à éliminer la composante saisonnière, ce qui se fait le plus souvent à l'aide des moyennes mobiles.

Définition
Soit (x_t) une série de valeurs observées pendant n périodes. On appelle **moyennes mobiles sur *k* périodes,** ($k < n$), la série de valeurs (y_t) calculées comme suit :
– Si k est impair, alors $k = 2p + 1$:

$$y_t = \frac{x_{t-p} + ... + x_{t-1} + x_t + x_{t+1} + ... + x_{t+p}}{2p + 1}$$

– Si k est pair, alors $k = 2p$:

$$y_t = \frac{\frac{x_{t-p}}{2} + x_{t-p+1} + ... + x_t + ... + x_{t+p-1} + \frac{x_{t+p}}{2}}{2p}$$

La série (y_t) ne comporte plus de composante saisonnière.
Remarque : Cette série comporte moins de termes que la série initiale. Elle comporte $n - 2p$ termes.

- ***Le cycle***

La composante cyclique correspond à des fluctuations sur de grandes périodes, indépendamment de l'effet saisonnier. On ignore le plus souvent cette composante cyclique, soit parce qu'elle n'existe pas, soit parce que les données statistiques ne remontent pas suffisamment dans le temps.

- ***Les variations résiduelles***

Les variations résiduelles sont dues aux irrégularités de la conjoncture. Lorsqu'elles résultent de facteurs aléatoires, elles s'annulent globalement car elles sont distribuées « normalement » autour d'une moyenne nulle; sinon, il s'agit de composantes accidentelles, en général explicables par la conjoncture.

▪ LA PRÉVISION À COURT TERME

• ***Si la série (x_t) ne contient pas de composante saisonnière,*** la prévision peut être faite par extrapolation sur la droite de tendance dont l'équation est calculée à l'aide d'un ajustement affine.
Les valeurs extrapolées donnent directement les valeurs prévisionnelles de la série.

• ***Si la série (x_t) comporte une composante saisonnière,*** on l'élimine à l'aide des moyennes mobiles et on obtient une nouvelle série (y_t), qui est une approximation de la tendance (t_t).

— Dans le cas d'un schéma additif : $y_t = x_t - s_t$
— Dans le cas d'un schéma multiplicatif : $y_t = x_t/s_t$

Une régression, souvent un ajustement affine, permet de faire des estimations $\hat{y}$ qui sont des prévisions ne prenant pas en compte l'effet saisonnier. Pour réintroduire la composante saisonnière, on utilise les coefficients saisonniers.

Définition
On appelle **coefficient saisonnier** pour chaque période t :
— la valeur $c_t = x_t - y_t$ dans le cas d'un schéma additif;
— la valeur $c_t = x_t/y_t$ dans le cas d'un schéma multiplicatif.

Pour chacune des k « saisons » (mois, trimestres, ...), on obtient une série de coefficients saisonniers, qui devraient être égaux par définition, mais qui, en fait, diffèrent dans la pratique. On calcule alors un coefficient saisonnier c_i ($\forall i \in \{1, ..., k\}$) qui est, par exemple, la **moyenne des coefficients.** (On peut choisir la médiane, ou même procéder par ajustement.)

— Dans le cas d'un modèle additif, on doit avoir : $\sum_{i=1}^{k} c_i = 0$

Sinon : $\sum_{i=1}^{k} c_i = S \neq 0$; alors, on prend comme coefficient saisonnier :

$$\forall i \in \{1, ..., k\}, \quad s_i = c_i - \frac{S}{k}$$

On obtient une estimation $\hat{x}$ d'une valeur future de la série, à la saison i, en ajoutant à l'estimation $\hat{y}$ le coefficient saisonnier s_i

$$\hat{x} = \hat{y} + s_i$$

— Dans le cas d'un modèle multiplicatif, on doit avoir : $\sum_{i=1}^{k} c_i = k$

Sinon : $\sum_{i=1}^{k} c_i = S \neq k$, alors, on prend comme coefficient saisonnier :

$$\forall i \in \{1, ..., k\} \quad s_i = c_i \times \frac{k}{S}$$

On obtient une estimation $\hat{x}$ d'une valeur future de la série, à la saison i, en multipliant l'estimation $\hat{y}$ par le coefficient saisonnier s_i :

$$\hat{x} = s_i \hat{y}$$

EXERCICES

1. On appelle « ménage ordinaire » l'ensemble des occupants d'un logement d'habitation utilisé comme résidence principale, quel qu'en soit le nombre et quels qu'en soient les liens qui les unissent.
Le nombre de ménages ordinaires français est consigné dans le tableau suivant :

ANNÉE	1974	1975	1976	1977	1978	1979	1980	1981	1982
NOMBRE DE MÉNAGES en milliers	17 453	17 720	17 997	18 274	18 553	18 826	19 103	19 343	19 576

(*Source : INSEE*)

Donner une représentation graphique de ce phénomène.

Réponse :

Pour représenter ce phénomène, il faut utiliser deux échelles arithmétiques sur les axes d'un diagramme cartésien. Les valeurs du caractère étant grandes en valeur absolue, un changement d'origine sur l'axe des ordonnées permet de mieux mettre en valeur l'évolution de cette série chronologique.

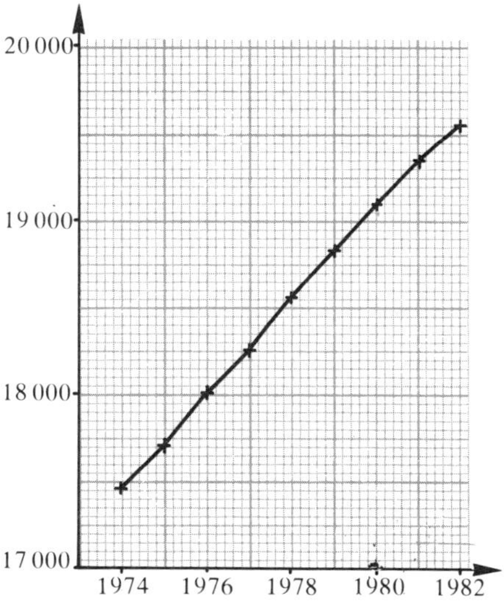

2. Du 1er janvier 1982 au 1er juillet 1984, le SMIC horaire a évolué de la façon suivante (en francs) :

1/1/82 18,15	1/3/82 18,62	1/5/82 19,03	1/7/82 19,64	1/12/82 20,29	1/3/83 21,02
1/6/83 21,65	1/7/83 21,89	1/10/83 22,33	1/1/84 22,78	1/5/84 23,56	1/7/84 23,84

Donner une représentation graphique du phénomène.

Réponse :
Pour représenter graphiquement ce phénomène, il faut remarquer que le SMIC horaire reste constant durant une période comprise entre deux dates consécutives. La courbe la plus adaptée est donc une fonction en escalier.

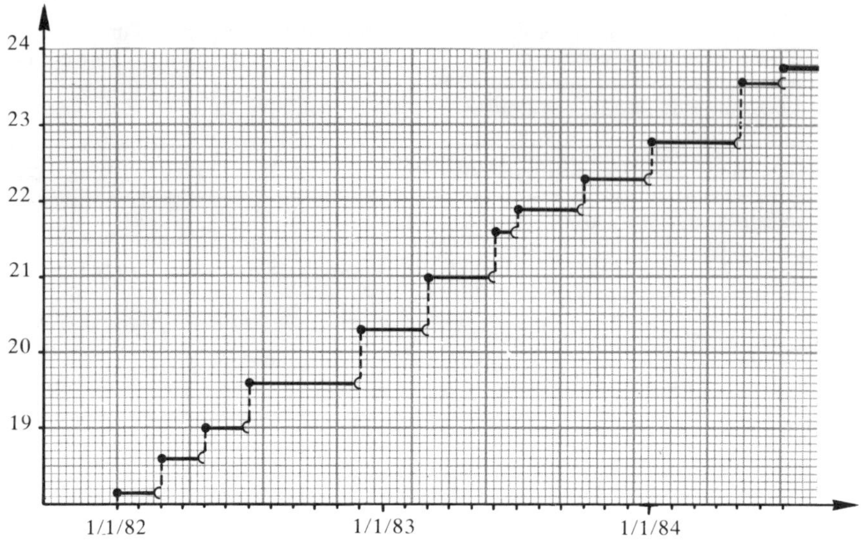

3. Une entreprise étudiant l'évolution de son personnel a dressé le tableau suivant :

	1975	*1980*	*1985*	*1990*
Employés	84	72	98	140
Techniciens	160	180	174	152
Ouvriers	344	420	460	470

1° Construire un diagramme représentant ce tableau.
2° Construire un diagramme en barres en utilisant les fréquences relatives pour visualiser l'évolution en proportion de chaque catégorie.

Réponses :

1° Pour mettre en évidence l'évolution de chaque catégorie, on peut tracer, sur un même diagramme à échelles arithmétiques, les trois courbes associées à chacune des catégories socio-professionnelles.

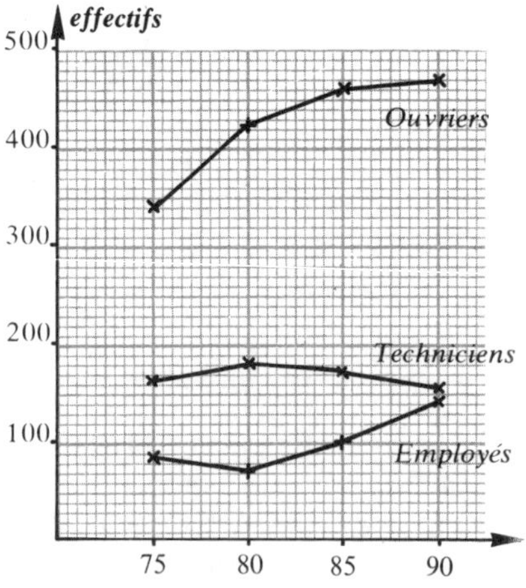

2° Pour mettre en évidence l'évolution en proportion, on peut utiliser pour chaque année une barre de taille constante représentant 100 % de la population. Chaque catégorie est représentée par un secteur de longueur proportionnelle à la fréquence associée à chaque catégorie socio-professionnelle.

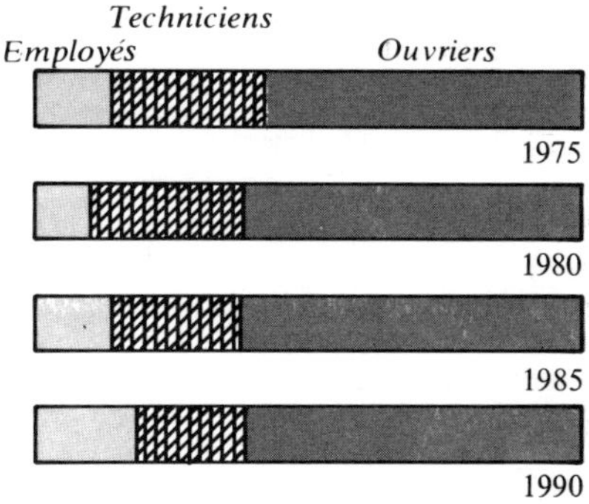

Pour calculer la fréquence associée à la catégorie « Employés » en 1975 par exemple, on calcule l'effectif total de l'année 1975 (soit 588), et on fait le quotient 84/588 (soit 0,143). On obtient le tableau suivant :

	1975	*1980*	*1985*	*1990*
Employés	0,143	0,107	0,134	0,184
Techniciens	0,272	0,268	0,238	0,199
Ouvriers	0,585	0,625	0,628	0,617

On peut remarquer que la proportion d'ouvriers est restée stable, alors que la proportion de techniciens a diminué au profit des employés.

4. On considère les deux séries chronologiques suivantes :

Série 1	1950	1955	1960	1965	1970	1975	1980	1985
	2	6	19	48	93	145	320	840

Série 2	1910	1920	1930	1940	1950	1960	1970	1980
	74	159	512	1 260	3 700	6 900	12 000	23 400

Sachant que l'on veut représenter ces séries à l'aide de diagrammes semi-logarithmiques, combien de modules sont nécessaires? (Un module est un intervalle du type $[10^k; 10^{k+1}]$, $k \in \mathbb{Z}$.)

Réponse :

— Pour la série 1, les valeurs sont situées entre 2 et 840, c'est-à-dire entre 10^0 et 10^3 : il suffit de trois modules pour la représentation graphique.

— Pour la série 2, les valeurs sont comprises entre 74 et 23 400, c'est-à-dire entre 10^1 et 10^5. Il est inutile de consacrer un module pour les valeurs entre 1 et 10 qui n'apparaissent pas dans cette série : quatre modules seront donc suffisants pour la représentation graphique.

5. Durant les six premiers mois de commercialisation d'un produit, dans une grande surface, on a enregistré les ventes suivantes :

MOIS	1	2	3	4	5	6
VENTES	14	62	104	540	1 500	4 800

Donner une représentation graphique sur papier semi-logarithmique.

Réponse :

Les valeurs se situent entre 10 et 10^4 : donc, il faut trois modules pour représenter cette série chronologique.

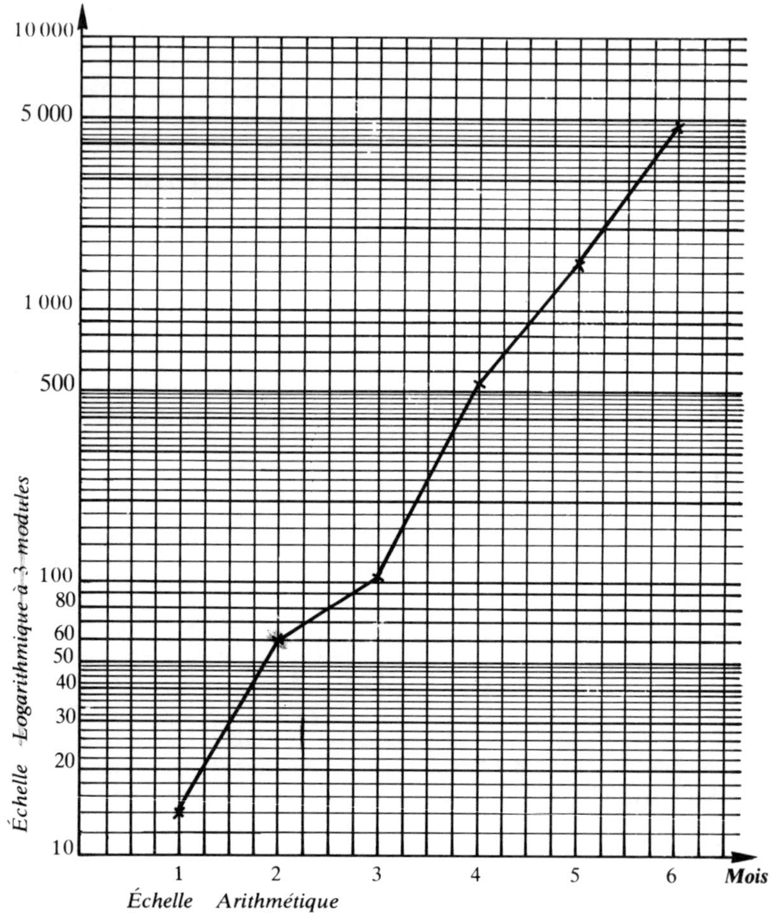

6. La production d'acier (en milliers de tonnes) d'une usine est consignée dans le tableau suivant :

	J	*F*	*M*	*A*	*M*	*J*	*J*	*A*	*S*	*O*	*N*	*D*
1989	7	7,4	7	8	8,5	8	6	6	6	7,5	8	8
1990	8	8,5	9	9	9	8	7	6	7	8	8,5	9
1991	8,5	9	9	9,5	10	9	8	7	8	8	9	10

Représenter ces résultats à l'aide d'un diagramme polaire.

Réponse :

Pour construire ce diagramme, chaque mois de l'année doit être associé à un axe. Un tour complet représente 360 degrés; donc l'angle entre axes est égal à 30 degrés. La spirale représentant ce phénomène est légèrement centrifuge, ce qui permet de mettre en évidence une augmentation de la production entre 1989 et 1991.

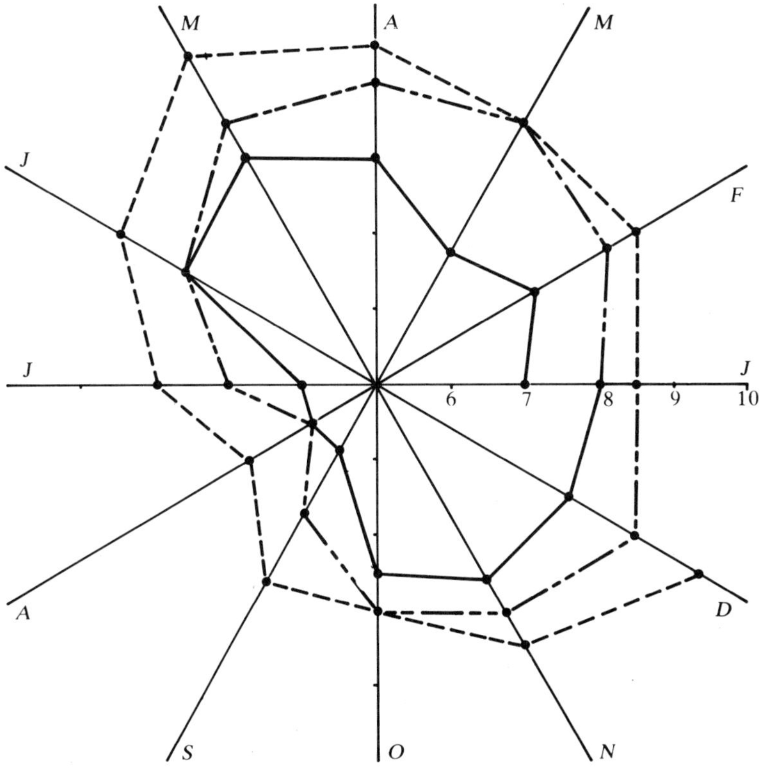

7. La répartition de la population d'une entreprise suivant la catégorie socioprofessionnelle a permis de dresser le tableau suivant :

	CADRES	EMPLOYÉS	OUVRIERS
1988	16	69	349
1989	29	80	413
1990	39	84	446
1991	58	91	475

Donner une représentation de cette série chronologique à l'aide d'un diagramme triangulaire.

Réponse :

Pour utiliser un diagramme triangulaire, il faut transformer les valeurs observées en pourcentages. On obtient le tableau ci-contre :

	CADRES	EMPLOYÉS	OUVRIERS
1988	3,7 %	15,9 %	80,4 %
1989	5,6 %	15,3 %	79,1 %
1990	6,8 %	14,8 %	78,4 %
1991	9,3 %	14,6 %	76,1 %

On peut remarquer qu'il y a évolution vers un encadrement plus important au détriment du personnel d'exécution. La proportion d'employés reste relativement stable. Globalement, la structure de l'entreprise reste la même.

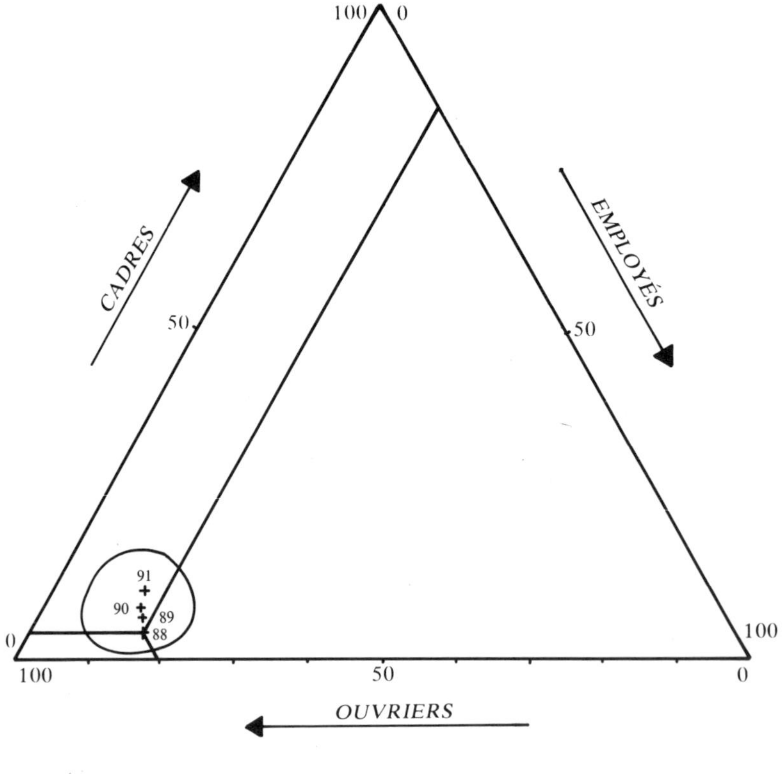

8. Le tableau suivant représente le nombre de participants à une épreuve sportive de 1985 à 1991.

ANNÉE	85	86	87	88	89	90	91
NOMBRE DE PARTICIPANTS	745	720	745	737	757	800	803

1° Représenter graphiquement cette série.
2° Calculer l'équation de la droite de tendance. L'ajustement affine est-il justifié?
3° Donner une prévision du nombre de participants pour 1992 et 1993.

Réponses :

1°

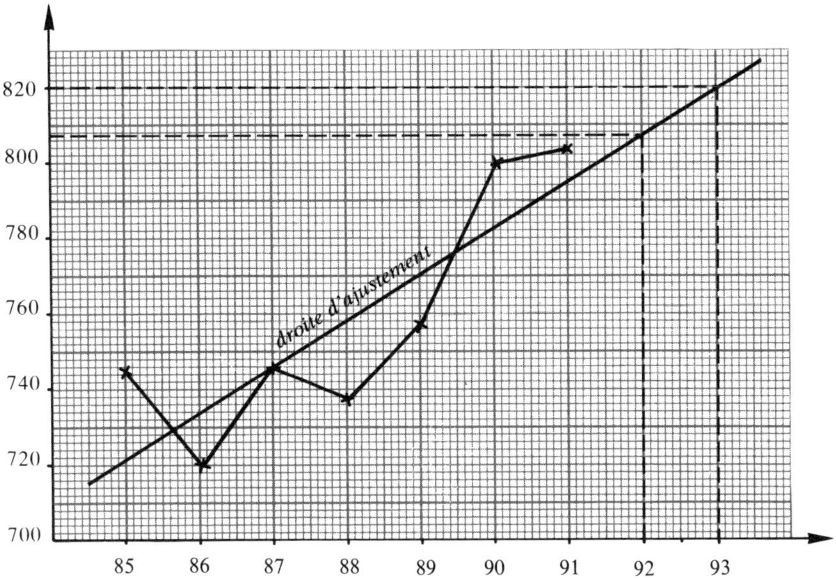

2° Pour trouver la droite de tendance, nous allons calculer l'équation de la droite d'ajustement. Pour simplifier les calculs, nous pouvons faire un changement de variable en plaçant l'origine des temps ($t = 0$) en 1988.

année	85	86	87	88	89	90	91
t_i	-3	-2	-1	0	1	2	3

Les coefficients a et b de la droite d'ajustement se simplifient. En effet, on a $\bar{t} = 0$; donc :

$$a = \frac{\sum_{i=1}^{7}(t_i - \bar{t})(x_i - \bar{x})}{\sum_{i=1}^{7}(t_i - \bar{t})^2} = \frac{\sum_{i=1}^{7} t_i(x_i - \bar{x})}{\sum_{i=1}^{7} t_i^2} = \frac{\sum_{i=1}^{7} t_i x_i}{\sum_{i=1}^{7} t_i^2} - \frac{\sum_{i=1}^{7} t_i \bar{x}}{\sum_{i=1}^{7} t_i^2} = \frac{\sum_{i=1}^{7} t_i x_i}{\sum_{i=1}^{7} t_i^2} - \bar{x}\frac{\sum_{i=1}^{7} t_i}{\sum_{i=1}^{7} t_i^2} = \frac{\sum_{i=1}^{7} t_i x_i}{\sum_{i=1}^{7} t_i^2}$$

On peut alors dresser le tableau ci-contre :

ANNÉE	t_i	x_i	$t_i x_i$	t_i^2	$(x_i - \bar{x})^2$
1985	− 3	745	− 2 235	9	169
1986	− 2	720	− 1 440	4	1 444
1987	− 1	745	− 745	1	169
1988	0	737	0	0	441
1989	+ 1	757	757	1	1
1990	+ 2	800	1 600	4	1 764
1991	+ 3	803	2 409	9	2 025
Total	**0**	**5 307**	+ **346**	**28**	**6 013**

$\bar{x} = a\bar{t} + b$, mais $\bar{t} = 0$. Donc : $b = \bar{x} = \dfrac{5\,307}{7} \approx 758{,}14$ et $a = \dfrac{346}{28} \approx 12{,}36$

L'équation de la droite est donc : $x = 12{,}36t + 758{,}14$
La qualité de l'ajustement affine peut être évaluée grâce au coefficient de corrélation linéaire :

$$r = \frac{\sum_i (x_i - \bar{x})(t_i - \bar{t})}{\sqrt{\sum_i (x_i - \bar{x})^2 \cdot \sum_i (t_i - \bar{t})^2}} = \frac{\sum_i t_i x_i}{\sqrt{\sum_i (x_i - \bar{x})^2 \cdot \sum_i t_i^2}} = \frac{346}{\sqrt{6\,013 \times 28}} \approx 0{,}843$$

L'ajustement affine n'est pas d'excellente qualité. Il faut donc être prudent si l'on utilise ce modèle pour faire de la prévision.

3° L'année 1992 correspond à $t = 4$ et l'année 1993 correspond à $t = 5$ dans notre modèle.
Pour 1992, on a : $\hat{x} = 12{,}36 \times 4 + 758{,}14 = 807{,}58$
Pour 1993, on a : $\hat{x} = 12{,}36 \times 5 + 758{,}14 = 819{,}94$
On peut donc estimer le nombre de participants en France en 1992 à 808 et en 1993 à 820. Ces prévisions sont liées à la qualité de l'ajustement.

9. Un bébé a été pesé chaque matin, pendant les 25 premiers jours. Le tableau suivant correspond au poids du bébé, exprimé en grammes.

JOUR	1	2	3	4	5	6	7	8	9	10
POIDS	3 110	3 050	3 030	3 080	3 130	3 100	3 140	3 180	3 150	3 200

JOUR	11	12	13	14	15	16	17	18	19	20
POIDS	3 180	3 240	3 300	3 340	3 300	3 370	3 390	3 350	3 410	3 490

JOUR	21	22	23	24	25
POIDS	3 460	3 500	3 530	3 560	3 620

1° Tracer un diagramme représentant la courbe de poids.
2° Calculer les moyennes mobiles sur une semaine.
3° Tracer, sur le diagramme précédent, la courbe des moyennes mobiles.

Réponses :

1° La courbe de poids est une courbe en dents de scie, mais on peut remarquer que, globalement, il y a augmentation du poids à partir du quatrième jour.

2° Pour calculer les moyennes mobiles sur une semaine, il faut calculer pour chaque jour numéro i, la valeur y_i suivante :

$$y_i = \frac{x_{i-3} + x_{i-2} + x_{i-1} + x_i + x_{i+1} + x_{i+2} + x_{i+3}}{7}$$

On obtient alors le tableau suivant :

JOUR	1	2	3	4	5	6	7	8	9	10
MOYENNE MOBILE	—	—	—	3 091	3 101	3 116	3 140	3 154	3 170	3 199

JOUR	11	12	13	14	15	16	17	18	19	20
MOYENNE MOBILE	3 227	3 244	3 276	3 303	3 327	3 351	3 379	3 396	3 424	3 447

JOUR	21	22	23	24	25
MOYENNE MOBILE	3 471	3 510	—	—	—

Les moyennes mobiles mettent en évidence une croissance progressive et montrent la tendance de cette série chronologique.

3° La courbe des moyennes mobiles permet de supprimer les dents de scie, ce qui donne une courbe strictement croissante.

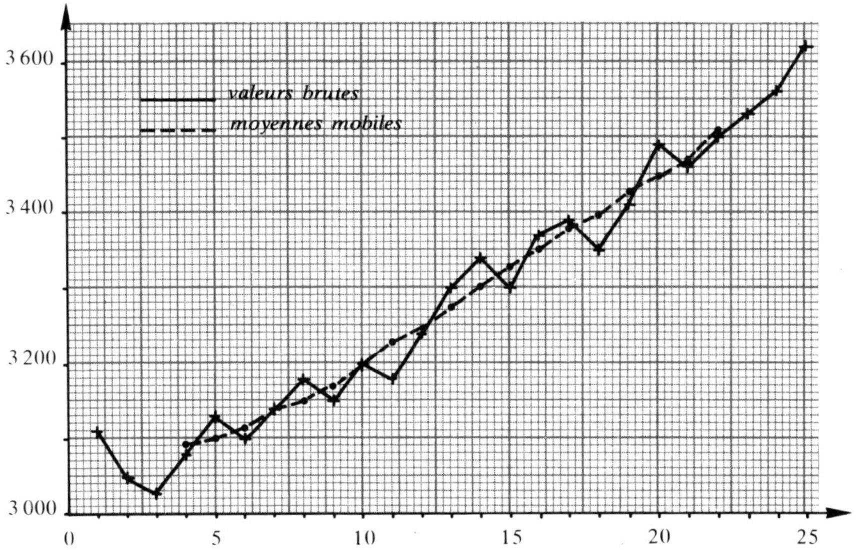

10. On considère la série chronologique suivante :

ANNÉE \ TRIMESTRE	*I*	*II*	*III*	*IV*
1988	10	12	13	14
1989	11	15	16	13
1990	12	17	18	15
1991	13	17	19	16

1° Représenter graphiquement cette série.
2° Désaisonnaliser cette série en utilisant les moyennes mobiles calculées sur quatre trimestres
3° Calculer et comparer les coefficients saisonniers pour 1989 et 1990.

11. Vous dirigez une entreprise de distribution qui propose à sa clientèle un certain produit *P*. Une étude sur la demande concernant ce produit dans le passé vous a fourni la statistique suivante :

t_i	x_i	t_i	x_i	t_i	x_i	t_i	x_i	t_i	x_i
1	418	6	448	11	456	16	460	21	480
2	436	7	455	12	443	17	472	22	464
3	447	8	427	13	465	18	440	23	481
4	431	9	450	14	470	19	454	24	488
5	447	10	465	15	464	20	460	25	464

t_i = numéro de la semaine
x_i = demandes satisfaites ou non (en unités)

1° Calculez la série des moyennes mobiles d'ordre 5 :

$$y_i = (x_{i-2} + x_{i-1} + x_i + x_{i+1}\ x_{i+2})/5 \quad \text{pour} \quad i = 3, ..., 23.$$

2° Représentez sur un même graphique la série initiale et celle des moyennes mobiles d'ordre 5.
3° Calculez le coefficient de corrélation linéaire du couple (T, Y), où T est le numéro de la semaine et Y la moyenne mobile d'ordre 5 des demandes.
4° Déterminez les coefficients de la droite d'ajustement de Y en T par la méthode des moindres carrés. En déduire une estimation de la demande pour les semaines numéro 26, 27, 28.

10. **1°** Deux types de représentations graphiques peuvent être proposés :

Diagramme polaire : il permet de construire une spirale mettant en évidence l'évolution du phénomène.

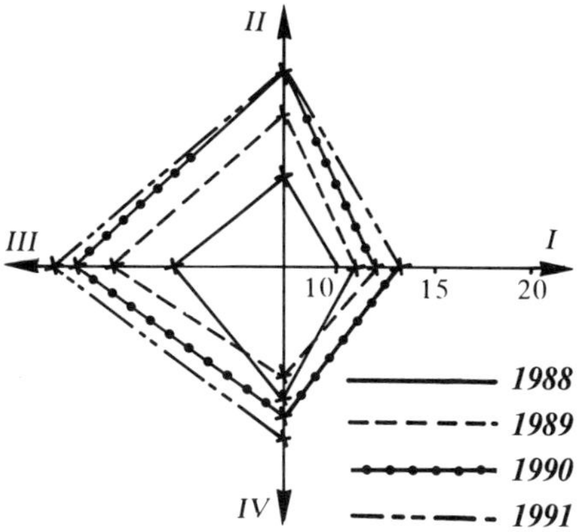

Diagramme cartésien à échelles arithmétiques : on obtient alors une courbe en dents de scie qui met en évidence les variations saisonnières de la série. On peut associer à cette courbe, la courbe des valeurs désaisonnalisées, ce qui donne la tendance du phénomène.

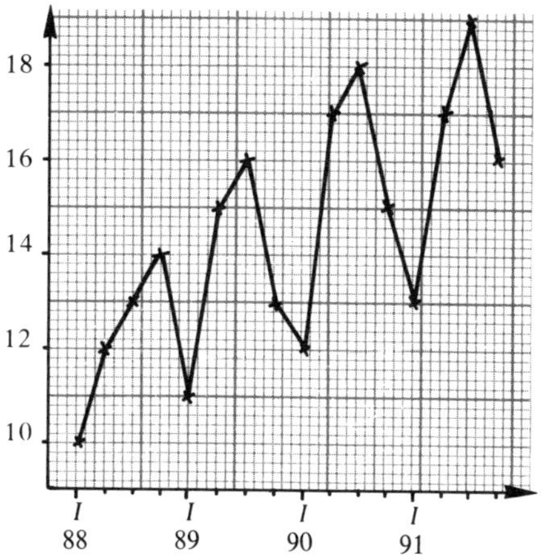

2° Pour désaisonnaliser la série, on calcule les moyennes mobiles suivantes :

Moyenne mobile associée au trimestre numéro i

$$y_i = \frac{\frac{x_{i-2}}{2} + x_{i-1} + x_i + x_{i+1} + \frac{x_{i+2}}{2}}{4}$$

On obtient le tableau suivant :

TRIMESTRE / ANNÉE	*I*	*II*	*III*	*IV*
1988	—	—	12,38	12,88
1989	13,63	13,88	13,88	14,25
1990	14,75	15,25	15,63	15,75
1991	15,88	16,13	—	—

Ce tableau correspond à la série désaisonnalisée. Seules les valeurs entre le 3ème trimestre 1988 et le 2ème trimestre 1991 peuvent être calculées.

3° Les coefficients saisonniers sont égaux au quotient des valeurs brutes par les moyennes mobiles, si on adopte le schéma multiplicatif.

	I	*II*	*III*	*IV*
1989	0,81	1,08	1,15	0,91
1990	0,81	1,11	1,15	0,95

On peut remarquer que, pour chaque trimestre, les coefficients saisonniers varient peu entre 1989 et 1990.

On peut donc prendre comme coefficient saisonnier, pour chaque trimestre les valeurs c_i suivantes :

Trimestre I : $c_1 = (0{,}81 + 0{,}81)/2 = 0{,}81$
Trimestre II : $c_2 = (1{,}08 + 1{,}11)/2 = 1{,}095$
Trimestre III : $c_3 = (1{,}15 + 1{,}15)/2 = 1{,}15$
Trimestre IV : $c_4 = (0{,}91 + 0{,}95)/2 = 0{,}93$

La somme S des c_i, qui est égale à 3,985, est très proche de 4 (voir résumé de cours).

11. 1° Moyennes mobiles

t_i	x_i	y_i	t_i^2	y_i^2	t_iy_i
1	418	–			
2	436	–			
3	447	435,8	9	189 921,6	1 307,4
4	431	441,8	16	195 187,2	1 767,2
5	447	445,6	25	198 559,4	2 228,0
6	448	441,6	36	195 010,6	2 649,6
7	455	445,4	49	198 381,2	3 117,8
8	427	449,0	64	201 601,0	3 592,0
9	450	450,6	81	203 040,4	4 055,4
10	465	448,2	100	200 883,2	4 482,0
11	456	455,8	121	207 753,6	5 013,8
12	443	459,8	144	211 416,0	5 517,6
13	465	459,6	169	211 232,2	5 974,8
14	470	460,4	196	211 968,2	6 445,6
15	464	466,2	225	217 342,4	6 993,0
16	460	461,2	256	212 705,4	7 379,2
17	472	458,0	289	209 764,0	7 786,0
18	440	457,2	324	209 031,8	8 229,6
19	454	461,2	361	212 705,4	8 762,8
20	460	459,6	400	211 232,2	9 192,0
21	480	467,8	441	218 836,8	9 823,8
22	464	474,6	484	225 245,2	10 441,2
23	481	475,4	529	226 005,2	10 934,2
24	488	–			
25	464	–			
		9 574,8	**4 319**	**4 367 823,0**	**125 693,0**

Les moyennes mobiles d'ordre 5 correspondent à la colonne (y_i) du tableau ci-dessus.

2° Cette série chronologique peut être représentée par un diagramme à échelles arithmétiques.

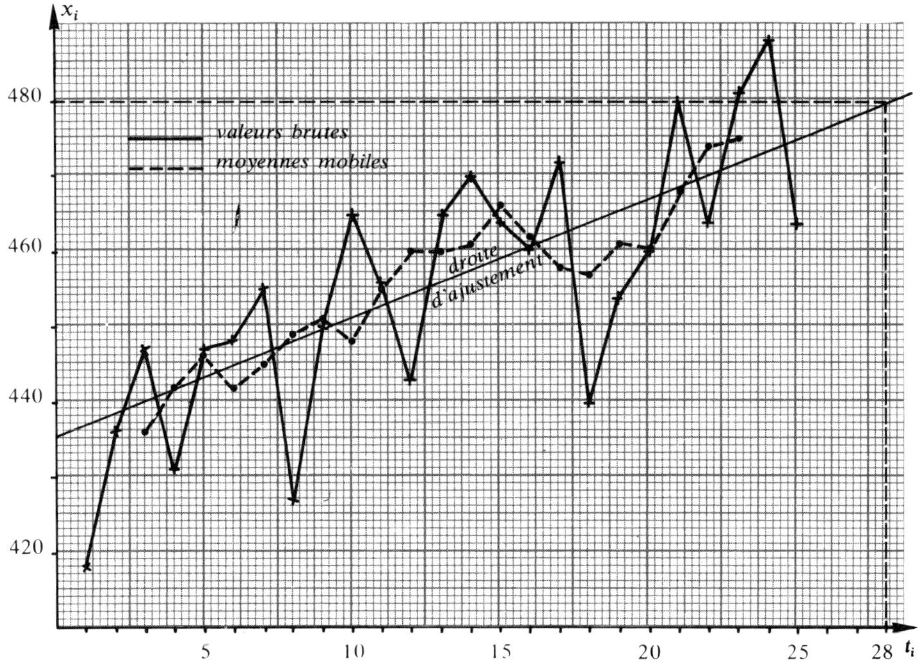

3° Pour calculer r, il faut calculer moyennes, variances, covariance.

$$\bar{t} = \frac{\sum_{i=3}^{23} t_i}{21} = 13 \qquad \text{Var}(T) = \frac{\sum_{i=3}^{23} t_i^2}{21} - \bar{t}^2 \approx 36{,}67$$

$$\bar{y} = \frac{\sum_{i=3}^{23} y_i}{21} \approx 455{,}94 \qquad \text{Var}(Y) = \frac{\sum_{i=3}^{23} y_i^2}{21} - \bar{y}^2 \approx 107{,}68$$

$$\text{Cov}(T, Y) = \frac{\sum_{i=3}^{23} t_i y_i}{21} - \bar{t}\,\bar{y} \approx 58{,}12$$

On peut donc calculer r :

$$r = \frac{\text{Cov}(T, Y)}{\sigma(T)\sigma(Y)} = \frac{58{,}12}{\sqrt{36{,}67 \times 107{,}68}} \approx 0{,}925$$

La corrélation est forte; on peut donc faire un ajustement affine.

4° Les coefficients de la droite d'ajustement sont :

$$a = \frac{\text{Cov}(T, Y)}{\sigma^2(T)} = \frac{58{,}12}{36{,}67} \approx 1{,}58$$

$$b = \bar{y} - a\bar{t} = 455{,}94 - 1{,}58 \times 13 = 435{,}40$$

L'équation de la droite d'ajustement est donc :

$$y = 1{,}58t + 435{,}40$$

A l'aide de cette équation, nous pouvons faire une prévision de la demande pour les semaines numéro 26, 27, 28 :

numéro 26 : $\hat{y}_{26} = 1{,}58t_{26} + 435{,}40 = 1{,}58 \times 26 + 435{,}40 = 476{,}48$
numéro 27 : $\hat{y}_{27} = 1{,}58t_{27} + 435{,}40 = 1{,}58 \times 27 + 435{,}40 = 478{,}06$
numéro 28 : $\hat{y}_{28} = 1{,}58t_{28} + 435{,}40 = 1{,}58 \times 28 + 435{,}40 = 479{,}64$

Nous pouvons donc estimer la demande pour les semaines 26, 27, 28 à respectivement 476, 478, 480 unités.

PROBLÈMES DE RÉCAPITULATION

10

ÉNONCÉS

1. Lors de la visite médicale annuelle, on a relevé le poids, exprimé en kg, d'une population de 200 personnes. On a obtenu les résultats suivants :

73	82	61	46	76	80	74	49	95	48
94	80	73	75	69	67	65	73	79	85
79	90	65	42	73	84	79	74	69	66
71	76	84	92	84	66	65	63	64	51
72	73	75	97	77	44	55	54	57	80
87	71	81	56	59	60	67	83	79	68
86	76	98	82	59	51	84	79	73	70
69	69	88	58	60	70	59	72	80	79
90	62	92	66	69	62	59	60	95	70
85	77	88	69	63	55	51	73	75	84
85	66	64	79	60	64	55	50	96	74
73	86	87	44	46	75	66	60	58	54
49	98	79	89	43	48	75	47	93	72
50	81	45	76	77	61	65	74	60	59
81	54	68	65	66	54	71	53	52	59
79	57	70	66	69	68	80	64	65	70
62	78	62	52	69	51	84	59	58	69
64	78	59	70	58	68	55	69	68	61
61	61	56	73	62	74	76	56	61	84
91	70	67	65	73	75	60	73	79	72

Première partie

1° Afin de calculer certains paramètres de position et de dispersion, classer ces données ponctuelles en ordre croissant.

2° Calculer la moyenne.

3° Quel est le mode?

4° Calculer la médiane.

5° Calculer l'étendue.

6° Calculer les quantiles Q_{10} et Q_{90}. En déduire l'écart interdécile.

7° Calculer l'écart-type.

Deuxième partie

1° Regrouper ces données ponctuelles en utilisant des classes de poids d'amplitude 5 du type suivant : [40; 45[, [45; 50[...

2° Calculer les fréquences et les fréquences cumulées croissantes.

3° Calculer la proportion d'individus dont le poids est inférieur à 80 kg.

4° Calculer la moyenne.

5° Calculer le mode.

6° Calculer la médiane.

7° Comparer ces paramètres de position avec ceux trouvés dans la première partie.

8° Calculer l'étendue.

9° Calculer l'écart interdécile.

10° Calculer l'écart-type.

11° Comparer ces paramètres de dispersion avec ceux trouvés dans la première partie.

2. L'étude de la répartition d'une population suivant la taxe d'habitation a permis d'établir le tableau suivant (taxe en F) :

TAXE D'HABITATION	NOMBRE DE FAMILLES
[0; 1 000[	40
[1 000; 1 500[	80
[1 500; 2 000[	112
[2 000; 2 200[	176
[2 200; 2 400[	328
[2 400; 2 600[	320
[2 600; 2 800[	224
[2 800; 3 200[	96
[3 200; 3 600[	72
[3 600; 4 000[	32
[4 000; 4 500[	48
[4 500; 5 000[	56
[5 000; 6 000[	16

1° Calculer le centre des classes.

2° Calculer l'amplitude associée à chaque classe.

3° Construire l'histogramme représentant cette série.

4° Calculer les fréquences et les fréquences cumulées croissantes.

5° Dessiner la courbe des fréquences cumulées croissantes.

6° Calculer la taxe d'habitation moyenne.

7° Calculer la taxe d'habitation médiane.

8° Calculer la médiale.

9° Déterminer la taxe d'habitation modale.

10° Calculer les quartiles Q_{25} et Q_{75}.

11° Calculer l'étendue de la série.

12° Calculer l'écart-type.

13° Donner un intervalle contenant 90 % des valeurs centrales de la série.

3. L'histogramme ci-dessous représente la population des employés d'une entreprise, répartie en fonction du salaire mensuel. Le salaire minimum est de 4 000 F et le salaire maximum de 9 500 F.

I) Déterminer graphiquement :

a) le mode;
b) la médiane;
c) les quartiles;
d) le premier et le dernier décile;

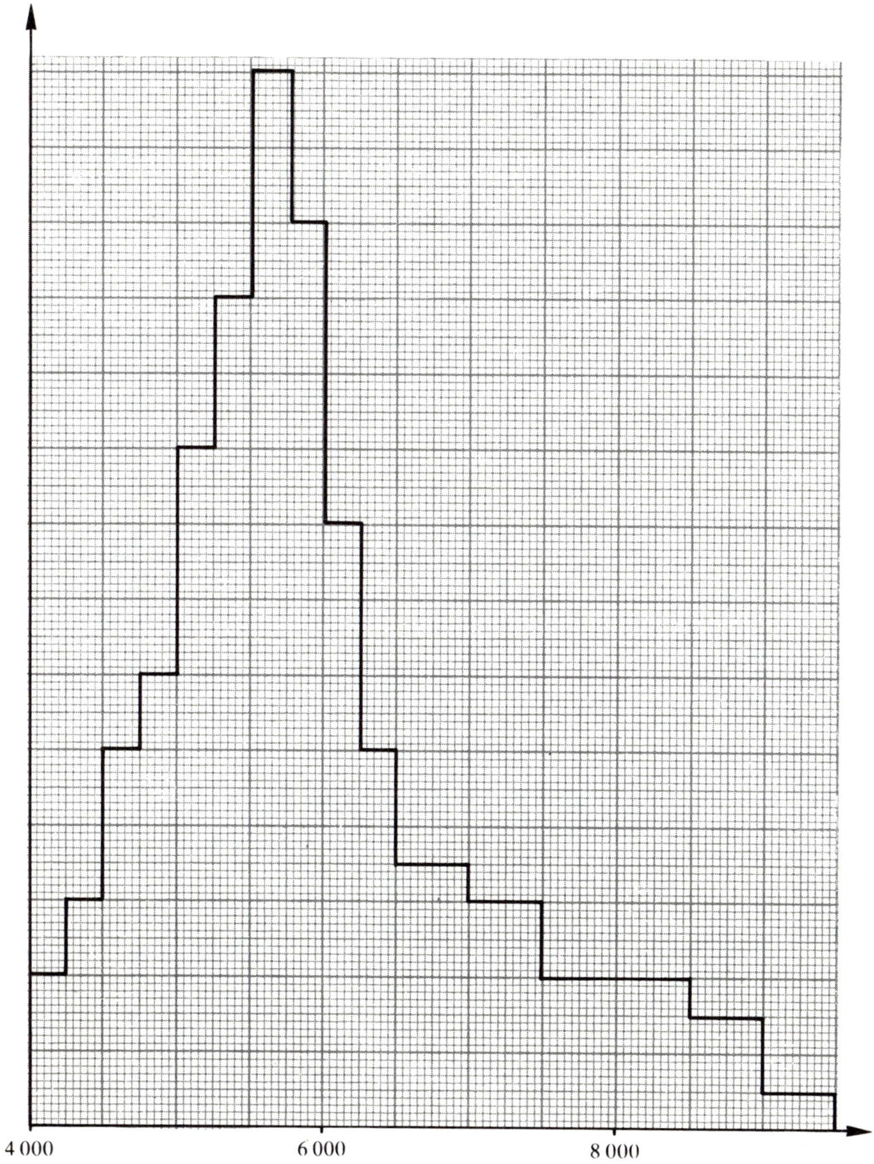

e) la proportion d'employés touchant un salaire inférieur à 5 000 F;
f) la proportion d'employés touchant un salaire supérieur à 7 000 F;
g) la proportion d'employés touchant un salaire compris entre 5 000 et 6 000 F;
h) l'étendue;
i) l'écart interdécile;
j) l'écart interquartile;

II) On se propose de calculer la moyenne et l'écart-type des salaires

1° La moyenne est-elle supérieure ou inférieure à la médiane?

2° Compléter à l'aide du diagramme (p. 170) le tableau ci dessous :

CLASSES	CENTRE	FRÉQUENCES	FRÉQUENCES CUMULÉES
[4 000; 4 500[			
[4 500; 5 000[			
[5 000; 5 500[			
[5 500; 6 000[			
[6 000; 6 500[			
[6 500; 7 000[			
[7 000; 7 500[			
[7 500; 8 000[			
[8 000; 8 500[			
[8 500; 9 000[			
[9 000; 9 500[			

3° Calculer le salaire moyen.

4° Calculer l'écart-type.

4. (*D'après A.E.S. 1re année*)
Le tableau suivant concerne les 100 plus importantes entreprises françaises du secteur bancaire.

EFFECTIF SALARIÉ DE L'ENTREPRISE AU 31/12/88 (en centaines)	NOMBRE D'ENTREPRISES n_i	EFFECTIF TOTAL DU PERSONNEL (en centaines) VALEURS GLOBALES $n_i x_i$
[0; 2[	30	38
[2; 10[	26	160
[10; 20[	18	302
[20; 50[	16	600
[50; 150]	10	1 400

1° Définir la population, un individu, le caractère étudié, sa nature.
2° Déterminer les fréquences f_i (en %), les fréquences cumulées croissantes F_i (en %), les densités d'effectifs d_i, les valeurs globales relatives q_i (en %), les valeurs globales relatives cumulées croissantes Q_i (en %).

3° Représenter l'histogramme associé à cette série.
4° Représenter la courbe des fréquences cumulées croissantes.
5° Utiliser le graphique précédent pour donner une estimation des valeurs des quartiles de cette série, et résumer ces informations à l'aide d'une boîte à moustaches.
6° Déterminer la médiale de cette série en procédant par interpolation linéaire. Interpréter cette valeur.
7° Représenter, dans un carré de 10 cm de côté, la courbe de concentration relative à cette série. En déduire l'indice de concentration de Gini.

5. (*D'après Concours administratif*)

L'Entreprise ALPHA se propose de faire deux études statistiques.
Le tableau **1** représente la répartition des employés en fonction de leurs revenus annuels.
Le tableau **2** représente pour chaque mois de l'année précédente, le chiffre d'affaires et les frais de téléphone.

Tableau 1

REVENUS (en milliers de F)	NOMBRE DE PERSONNES
[0; 50[	10
[50; 70[	48
[70; 90[	52
[90; 110[	34
[110; 130[	28
[130; 150[	22
[150; 200[	6

Tableau 2

MOIS	C. A. (en millions de F)	FRAIS DE TÉLÉPHONE (en F)
Janvier	5,2	8 000
Février	5,4	8 300
Mars	6,2	9 500
Avril	6,9	9 800
Mai	6,4	9 300
Juin	5,8	8 800
Juillet	4,1	8 100
Août	1,2	4 600
Septembre	3,9	8 800
Octobre	6,3	9 000
Novembre	6,6	9 200
Décembre	5,9	8 500

I) Étude du tableau 1

1° Quelle est la proportion d'individus dont le revenu est supérieur ou égal à 90 000 F?

2° Donner une représentation graphique du tableau **1.**

3° Calculer le revenu moyen et le revenu médian, et interpréter ces résultats.

4° Calculer l'écart-type et interpréter ce résultat.

II) Étude du tableau 2

1° Représenter graphiquement le nuage de points associé au tableau **2.**

2° On se propose de faire un ajustement affine permettant de calculer les frais de téléphone en fonction du chiffre d'affaires.
a) Peut-on faire un tel ajustement?
b) Calculer l'équation de la droite.

3° Estimer les frais fixes de téléphone.

4° Si on prévoit un chiffre d'affaires de 7 millions de francs pour le mois de janvier de l'année suivante, à combien peut-on estimer les frais de téléphone?

6. Le tableau ci-dessous donne les indices de la consommation médicale et de la consommation des ménages de 1975 à 1982. Chaque indice est exprimé en base 100 de l'année précédente.

	1975	*1976*	*1977*	*1978*	*1979*	*1980*	*1981*	*1982*
CONSOMMATION MÉDICALE	125	117	112	119	116	117	118	118
CONSOMMATION DES MÉNAGES	115	115	113	114	114	115	115	115

1° Quels sont les pourcentages moyens de la croissance annuelle de ces deux consommations dans les années 1978 à 1982?

2° Calculer l'indice 82/78 pour les deux consommations.

3° Construire un indice-chaîne, base 100 en 1974, représentant l'évolution de la consommation médicale et de la consommation des ménages de 1975 à 1982.

7. Le tableau suivant donne le nombre de billets vendus dans un complexe cinématographique, durant trois années a, $a + 1$, $a + 2$. (L'année $a + 1$ est bissextile.)

ANNÉE \ MOIS	*J*	*F*	*M*	*A*	*M*	*J*	*J*	*A*	*S*	*O*	*N*	*D*
a	48	42	40	32	36	24	18	12	22	30	32	49
***a* + 1**	52	43	46	38	35	28	20	13	28	34	42	54
***a* + 2**	55	46	50	39	40	34	24	18	29	38	48	60

(Nombre de billets en milliers.)

1° Donner une représentation graphique des valeurs brutes sur un diagramme à échelles arithmétiques.

2° Calculer les valeurs corrigées, sachant que le complexe cinématographique est ouvert tous les jours de l'année.

3° Représenter les valeurs corrigées sur le diagramme précédent.

4° Calculer les moyennes mobiles sur douze mois.

5° Représenter les moyennes mobiles sur le diagramme précédent.

6° Calculer l'équation de la droite de tendance.

7° L'ajustement affine vous semble-t-il justifié?

8° Calculer les coefficients saisonniers.

9° Donner une prévision du nombre de billets vendus pour chacun des six premiers mois de l'année $a + 3$.

SOLUTIONS

1. *Première partie*

1° Le classement des données ponctuelles en ordre croissant est le suivant :

42	43	44	44	45	46	46	47	48	48
49	49	50	50	51	51	51	51	52	52
53	54	54	54	54	55	55	55	55	56
56	56	57	57	58	58	58	58	59	59
59	59	59	59	59	59	60	60	60	60
60	60	60	61	61	61	61	61	61	62
62	62	62	62	63	63	64	64	64	64
64	65	65	65	65	65	65	65	66	66
66	66	66	66	66	67	67	67	68	68
68	68	68	69	69	69	69	69	69	69
69	69	69	70	70	70	70	70	70	70
71	71	71	72	72	72	72	73	73	73
73	73	73	73	73	73	73	73	74	74
74	74	74	75	75	75	75	75	75	76
76	76	76	76	77	77	77	78	78	79
79	79	79	79	79	79	79	79	79	80
80	80	80	80	81	81	81	82	82	83
84	84	84	84	84	84	84	85	85	85
86	86	87	87	88	88	89	90	90	91
92	92	93	94	95	95	96	97	98	98

2° La moyenne est la somme des valeurs divisée par 200.

$$\bar{x} = \frac{\sum_i x_i}{200} = \frac{13\,860}{200} = 69{,}3 \text{ kg}$$

Le poids moyen de la population est de 69,3 kilogrammes.

3° Le mode est la valeur du caractère la plus souvent rencontrée. Ici, la valeur 73 a été observée 11 fois :

$$Mo = 73 \text{ kg}$$

4° La population totale contient 200 individus; donc la médiane correspond à la valeur du caractère classée à la position numéro 101 dans le tableau ci-dessus, c'est-à-dire à la valeur 69 :

$$Me = 69 \text{ kg}$$

5° L'étendue est égale à la différence entre la plus grande valeur observée et la plus petite valeur observée :

$$w = 98 - 42 = 56 \text{ kg}$$

6° Les quantiles d'ordre 10 % et 90 % correspondent au premier et au dernier décile. Le nombre de valeurs observées étant égal à 200, on a :
Q_{10} correspond à la valeur observée numéro 21 dans le tableau ci-dessus;
Q_{90} correspond à la valeur observée numéro 181.
On a donc : $Q_{10} = 53\ kg$ et $Q_{90} = 86\ kg$
L'écart interdécile est égal à : $Q_{90} - Q_{10} = 86 - 53 = 33$ kg

7° La variance est égale à :

$$\text{Var} = \frac{\sum_i (x_i - \bar{x})^2}{200} = \frac{\sum_i x_i^2}{200} - \bar{x}^2$$

Si on calcule la somme des carrés des valeurs observées, on obtient :

$$\text{Var} = \frac{991\,740}{200} - 69{,}3^2 = 156{,}21$$

L'écart-type est la racine de la variance :

$$\sigma = \sqrt{156{,}21} \approx 12{,}5 \text{ kg}$$

La dispersion moyenne autour de la moyenne est égale à 12,5 kg.

Deuxième partie

1°

<table>
<tr><th>CLASSES</th><th>DÉPOUILLEMENT</th><th>n_i</th><th>x_i</th><th>f_i</th><th>F_i</th><th>u_i</th><th>$f_i u_i$</th><th>u_i^2</th><th>$f_i u_i^2$</th></tr>
<tr><td>[40; 45[</td><td>||||</td><td>4</td><td>42,5</td><td>0,020</td><td>0,020</td><td>− 5</td><td>− 0,100</td><td>25</td><td>0,500</td></tr>
<tr><td>[45; 50[</td><td>𝍸 |||</td><td>8</td><td>47,5</td><td>0,040</td><td>0,060</td><td>− 4</td><td>− 0,160</td><td>16</td><td>0,640</td></tr>
<tr><td>[50; 55[</td><td>𝍸𝍸 |||</td><td>13</td><td>52,5</td><td>0,065</td><td>0,125</td><td>− 3</td><td>− 0,195</td><td>9</td><td>0,585</td></tr>
<tr><td>[55; 60[</td><td>𝍸𝍸𝍸𝍸 |</td><td>21</td><td>57,5</td><td>0,105</td><td>0,230</td><td>− 2</td><td>− 0,210</td><td>4</td><td>0,420</td></tr>
<tr><td>[60; 65[</td><td>𝍸𝍸𝍸𝍸𝍸</td><td>25</td><td>62,5</td><td>0,125</td><td>0,355</td><td>− 1</td><td>− 0,125</td><td>1</td><td>0,125</td></tr>
<tr><td>[65; 70[</td><td>𝍸𝍸𝍸𝍸𝍸𝍸 ||</td><td>32</td><td>67,5</td><td>0,160</td><td>0,515</td><td>0</td><td>0</td><td>0</td><td>0</td></tr>
<tr><td>[70; 75[</td><td>𝍸𝍸𝍸𝍸𝍸𝍸</td><td>30</td><td>72,5</td><td>0,150</td><td>0,665</td><td>+ 1</td><td>0,150</td><td>1</td><td>0,150</td></tr>
<tr><td>[75; 80[</td><td>𝍸𝍸𝍸𝍸𝍸 |</td><td>26</td><td>77,5</td><td>0,130</td><td>0,795</td><td>+ 2</td><td>0,260</td><td>4</td><td>0,520</td></tr>
<tr><td>[80; 85[</td><td>𝍸𝍸𝍸 |||</td><td>18</td><td>82,5</td><td>0,090</td><td>0,885</td><td>+ 3</td><td>0,270</td><td>9</td><td>0,810</td></tr>
<tr><td>[85; 90[</td><td>𝍸𝍸</td><td>10</td><td>87,5</td><td>0,050</td><td>0,935</td><td>+ 4</td><td>0,200</td><td>16</td><td>0,800</td></tr>
<tr><td>[90; 95[</td><td>𝍸 ||</td><td>7</td><td>92,5</td><td>0,035</td><td>0,970</td><td>+ 5</td><td>0,175</td><td>25</td><td>0,875</td></tr>
<tr><td>[95; 100[</td><td>𝍸 |</td><td>6</td><td>97,5</td><td>0,030</td><td>1,000</td><td>+ 6</td><td>0,180</td><td>36</td><td>1,080</td></tr>
<tr><td>Total</td><td></td><td>200</td><td></td><td>1,000</td><td></td><td></td><td>+ 0,445</td><td></td><td>6,505</td></tr>
</table>

2° fréquences : $f_i = \frac{n_i}{200}$ fréquences cumulées croissantes : $F_i = \sum_{j=1}^{i} f_j$

3° La proportion d'individus pesant moins de 80 kg est égale à la fréquence cumulée croissante associée à la classe [75; 80[.
On a un pourcentage de 79,5 % des individus dont le poids est inférieur à 80 kg.

4° Pour calculer la moyenne, on utilise le centre x_i de la classe. Les x_i ne permettant pas des calculs aisés, nous allons utiliser un changement de variable. On pose :

$$u_i = \frac{x_i - 67{,}5}{5} \Longrightarrow x_i = 5u_i + 67{,}5$$

Nous savons alors que : $\bar{x} = 5\bar{u} + 67{,}5$

Il suffit de calculer $\bar{u}$:

$$\bar{u} = \sum_i f_i u_i = 0{,}445 \quad \text{(voir tableau)}$$

d'où : $\bar{x} = 5 \times 0{,}445 + 67{,}5 = 69{,}7$ kg

5° La classe modale correspond à la classe d'effectif 32, c'est-à-dire à la classe [65; 70[. On peut prendre comme mode le centre de la classe :

$$Mo = 67{,}5 \text{ kg}$$

6° La médiane, quantile d'ordre 50 %, est située dans la classe [65; 70[:

$$\frac{Me - 65}{70 - 65} = \frac{0{,}500 - 0{,}355}{0{,}515 - 0{,}355} \Longrightarrow Me = 65 + 5 \times \frac{0{,}145}{0{,}160} = 69{,}5 \text{ kg}$$

50 % des individus pèsent moins de 69,5 kg

7° On peut dresser le tableau suivant :

	MOYENNE	MÉDIANE	MODE
DONNÉES PONCTUELLES	69,3	69	73
DONNÉES GROUPÉES	69,7	69,5	67,5

On peut remarquer que la moyenne et la médiane sont sensiblement les mêmes dans le cas des données ponctuelles et dans le cas des données groupées. Le mode au contraire est très différent dans les deux cas; ce paramètre est en effet très sensible aux regroupements en classe. Deux regroupements différents peuvent conduire à des modes différents.

8° Dans le cas des données groupées l'étendue est égale à :

$$w = 100 - 40 = 60 \text{ kg}$$

9° Il faut calculer les quantiles Q_{10} et Q_{90} :

Q_{10} est dans la classe [50; 55[. On a donc la relation :

$$\frac{Q_{10} - 50}{55 - 50} = \frac{0{,}100 - 0{,}060}{0{,}125 - 0{,}060} \Longrightarrow Q_{10} = 50 + 5\,\frac{0{,}040}{0{,}065} \approx 53{,}1 \text{ kg}$$

Q_{90} est dans la classe [85; 90[. On a donc la relation :

$$\frac{Q_{90} - 85}{90 - 85} = \frac{0{,}900 - 0{,}885}{0{,}935 - 0{,}885} \Longrightarrow Q_{90} = 85 + 5\,\frac{0{,}015}{0{,}050} = 86{,}5 \text{ kg}$$

L'écart interdécile est donc égal à :

$$Q_{90} - Q_{10} = 86{,}5 - 53{,}1 = 33{,}4 \text{ kg}$$

10° Pour le calcul de l'écart-type, nous allons utiliser le changement de variable de la question 4° :

$$u_i = \frac{x_i - 67{,}5}{5} \Longrightarrow x_i = 5u_i + 67{,}5$$

Nous savons que : $\text{Var}(X) = 5^2\,\text{Var}(U)$

Calculons la variance des u_i :

$$\text{Var}(U) = \sum_i f_i u_i^2 - \bar{u}^2 = 6{,}505 - 0{,}445^2 \approx 6{,}307$$

d'où : $\text{Var}(X) = 25\,\text{Var}(U) = 25 \times 6{,}307 = 157{,}675$
L'écart-type est donc égal à : $\sigma = \sqrt{157{,}675} \approx 12{,}6$ kg

11° On peut dresser le tableau suivant :

	ÉTENDUE	ÉCART INTERDÉCILE	ÉCART-TYPE
DONNÉES PONCTUELLES	56	33	12,5
DONNÉES GROUPÉES	60	33,4	12,6

L'écart interdécile et l'écart-type prennent des valeurs très proches; seule la valeur de l'étendue se trouve altérée lors d'un regroupement en classes. En conclusion, on peut remarquer qu'un regroupement en classes ne perturbe pas profondément les paramètres de position et de dispersion de la série de données ponctuelles.

2.

TAXE	n_i	x_i	a_i	d_i	f_i	F_i	$\frac{n_i x_i}{100}$	$\frac{x_i^2}{100}$	$\frac{n_1 x_i^2}{100}$	q_i	Q_i
[0 ; 1 000[	40	500	1 000	0,04	0,025	0,025	200	2 500	100 000	0,005	0,005
[1 000 ; 1 500[	80	1 250	500	0,16	0,050	0,075	1 000	15 625	1 250 000	0,025	0,030
[1 500 ; 2 000[	112	1 750	500	0,224	0,070	0,145	1 960	30 625	3 430 000	0,048	0,078
[2 000 ; 2 200[	176	2 100	200	0,88	0,110	0,255	3 696	44 100	7 761 600	0,091	0,169
[2 200 ; 2 400[	328	2 300	200	1,64	0,205	0,460	7 544	52 900	17 351 200	0,186	0,355
[2 400 ; 2 600[	320	2 500	200	1,60	0,200	0,660	8 000	62 500	20 000 000	0,197	0,552
[2 600 ; 2 800[	224	2 700	200	1,12	0,140	0,800	6 048	72 900	16 329 600	0,149	0,701
[2 800 ; 3 200[	96	3 000	400	0,240	0,060	0,860	2 880	90 000	8 640 000	0,071	0,772
[3 200 ; 3 600[	72	3 400	400	0,180	0,045	0,905	2 448	115 600	8 323 200	0,060	0,832
[3 600 ; 4 000[	32	3 800	400	0,080	0,020	0,925	1 216	144 400	4 620 800	0,030	0,862
[4 000 ; 4 500[	48	4 250	500	0,096	0,030	0,955	2 040	180 625	8 670 000	0,050	0,912
[4 500 ; 5 000[	56	4 750	500	0,112	0,035	0,990	2 660	225 625	12 635 000	0,066	0,978
[5 000 ; 6 000[	16	5 500	1 000	0,016	0,010	1,000	880	302 500	4 840 000	0,022	1,000
Total	**1600**				**1,000**		**40 572**		**113 951 400**	**1,000**	

1° Le centre de la classe $[a; b[$ est le milieu de l'intervalle $[a; b[$, c'est-à-dire $\frac{a+b}{2}$ (voir tableau).

2° L'amplitude d'une classe est égale à la différence entre la borne supérieure et la borne inférieure de l'intervalle (voir tableau).

3° **Pour dessiner l'histogramme** (p. 181), il faut calculer la densité associée à chaque classe, car l'amplitude des classes n'est pas constante :

$$d_i = \frac{n_i}{a_i} \quad (a_i \text{ étant l'amplitude de la classe } i)$$

4° La fréquence associée à la classe i est égale à : $f_i = \frac{n_i}{\sum_i n_i}$

d'où les fréquences cumulées croissantes : $F_i = \sum_{j=1}^{i} f_j$

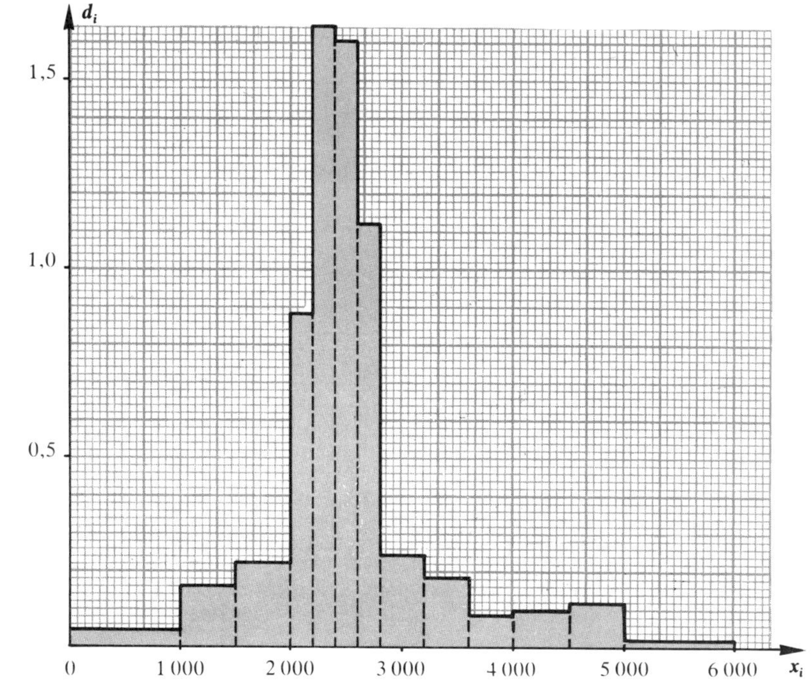

5° Courbe des fréquences cumulées

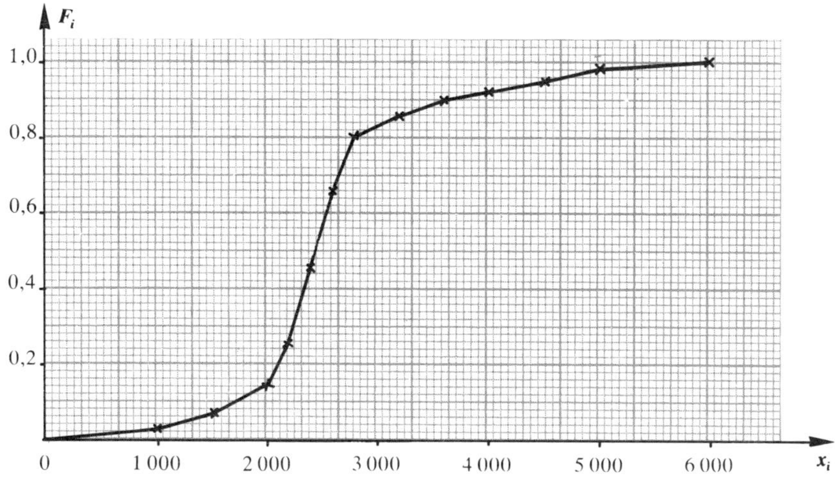

6° La taxe d'habitation moyenne est égale à la moyenne arithmétique :

$$\bar{x} = \frac{\sum_i n_i x_i}{\sum_i n_i} = \frac{4\,057\,200}{1\,600} = 2\,535{,}75 \text{ F}$$

La taxe d'habitation moyenne est de 2 535,75 F.

7° La taxe d'habitation médiane est dans la classe [2 400; 2 600[.
On a la relation :

$$\frac{Me - 2\,400}{2\,600 - 2\,400} = \frac{0{,}500 - 0{,}460}{0{,}660 - 0{,}460} \Longrightarrow Me = 2\,400 + 200 \times \frac{0{,}04}{0{,}20} = 2\,440 \text{ F}$$

La médiane valant 2 440 F, 50 % de la population paye une taxe d'habitation inférieure à 2 440 F.

8° La médiale correspond à la valeur du caractère pour laquelle on obtient 50 % des valeurs globales relatives. On a donc :

$$\frac{Mle - 2\,400}{2\,600 - 2\,400} = \frac{0{,}500 - 0{,}355}{0{,}552 - 0{,}355}$$

En effet les valeurs globales relatives atteignent 50 % dans la classe [2 400; 2 600[:

$$Mle = 2\,400 + 200 \times \frac{0{,}145}{0{,}197} \approx 2\,547{,}21\ F$$

On peut vérifier que la médiale (2 547 F) est supérieure à la médiane (2 440 F).

9° La classe modale correspond à la classe de plus forte densité, c'est-à-dire à la classe [2 200; 2 400[. On peut prendre comme taxe d'habitation modale le centre de la classe : 2 300 F. On retrouve ce résultat en observant l'histogramme.

10° Le premier quartile est dans la classe [2 000; 2 200[. On a la relation :

$$\frac{Q_{25} - 2\,000}{2\,200 - 2\,000} = \frac{0{,}250 - 0{,}145}{0{,}255 - 0{,}145} \Longrightarrow Q_{25} = 2\,000 + 200 \times \frac{0{,}105}{0{,}110} \approx 2\,190{,}91 \text{ F}$$

Le troisième quartile est dans la classe [2 600; 2 800[. On a la relation :

$$\frac{Q_{75} - 2\,600}{2\,800 - 2\,600} = \frac{0{,}750 - 0{,}660}{0{,}800 - 0{,}660} \Longrightarrow Q_{75} = 2\,600 + 200 \times \frac{0{,}090}{0{,}140} \approx 2\,728{,}57 \text{ F}$$

25 % de la population paye une taxe d'habitation inférieure à 2 190,91 F.
25 % de la population paye une taxe d'habitation supérieure à 2 728,57 F.

11° L'étendue est égale à : 6 000 – 0 = 6 000 F

12° Le calcul de la variance peut se faire à l'aide des moments d'ordre 1 et 2.
On a :

$$\text{Var} = \frac{\sum_i n_i x_1^2}{\sum_i n_i} - \left(\frac{\sum_i n_i x_i}{\sum_i n_i}\right)^2 = \frac{11\,395\,140\,000}{1\,600} - \left(\frac{4\,057\,200}{1\,600}\right)^2$$

$$\text{Var} \approx 691\,934{,}44 \Longrightarrow \sigma = \sqrt{\text{Var}} \approx 831{,}83 \text{ F}$$

L'écart-type est égal à la racine de la variance et représente la dispersion autour de la moyenne.

13° Il faut calculer deux quantiles : Q_5 et Q_{95}. En effet, entre ces deux quantiles, on peut observer 90 % de la population.

Q_5 est situé dans la classe [1 000; 1 500[. On a donc :

$$\frac{Q_5 - 1\,000}{1\,500 - 1\,000} = \frac{0{,}050 - 0{,}025}{0{,}075 - 0{,}025} \Longrightarrow Q_5 = 1\,000 + 500 \times \frac{0{,}025}{0{,}050} = 1\,250 \text{ F}$$

Q_{95} est situé dans la classe [4 000; 4 500[. On a donc :

$$\frac{Q_{95} - 4\,000}{4\,500 - 4\,000} = \frac{0{,}950 - 0{,}925}{0{,}955 - 0{,}925} \Longrightarrow Q_{95} = 4\,000 + 500 \times \frac{0{,}025}{0{,}030} \approx 4\,417 \text{ F}$$

L'intervalle [1 250; 4 417] contient 90 % des valeurs centrales de la série.

3. ***I) Détermination graphique des paramètres***

a) Sur l'histogramme (p. 170), la classe modale correspond au rectangle le plus haut. La classe modale est [5 500; 5 750[. Le mode est donc :

$$Mo = 5\,625 \text{ F}$$

b) La médiane est la valeur du caractère pour laquelle 50 % de la surface de l'histogramme est à gauche de la médiane et 50 % de la surface est à droite :

$$Me = 5\,750 \text{ F}$$

c) Les quartiles $Q_{25}, Q_{50}(Me), Q_{75}$ partagent la surface de l'histogramme en quatre parties égales. On a donc :

$$Q_{25} = 5\,250 \text{ F} \qquad Q_{50} = Me = 5\,750 \text{ F} \qquad Q_{75} = 6\,500 \text{ F}$$

d) 10 % de la surface de l'histogramme doit être située à gauche du premier décile et 10 % de la surface de l'histogramme doit être située à droite du dernier décile. On a donc :

$$Q_{10} = 4\,750 \text{ F} \qquad Q_{90} = 7\,750 \text{ F}$$

e) La proportion d'employés touchant un salaire inférieur à 5 000 F est le rapport de la surface située à gauche de 5 000 F à la surface totale de l'histogramme. On obtient 16 %.

f) De la même façon que précédemment, on obtient 18 %.

g) La proportion d'employés touchant un salaire compris entre 5 000 F et 6 000 F est le rapport de la surface située entre 5 000 et 6 000 à la surface totale de l'histogramme. On obtient 46 %.

h) L'étendue est :

$$w = 9\,500 - 4\,000 = 5\,500 \text{ F}$$

i) L'écart interdécile est :

$$Q_{90} - Q_{10} = 7\,750 - 4\,750 = 3\,000 \text{ F}$$

j) L'écart interquartile est :

$$Q_{75} - Q_{25} = 6\,500 - 5\,250 = 1\,250 \text{ F}$$

II) Calcul de la moyenne et de l'écart-type

1° La moyenne doit être supérieure à la médiane, car l'histogramme est légèrement étalé à droite. Les paramètres de position sont donc dans l'ordre suivant :

$$Mo < Me < \bar{x}$$

2°

Pour calculer les fréquences, il suffit de calculer le quotient de la surface de l'histogramme liée à une classe, par la surface totale de l'histogramme.
Dans ce tableau, on utilise le changement de variable suivant :

$$u_i = \frac{x_i - 6\,750}{500} \Longrightarrow x_i = 500u_i + 6\,750$$

CLASSES	x_i	f_i	F_i	u_i	f_iu_i	u_i^2	$f_iu_i^2$
[4 000; 4 500[	4 250	0,05	0,05	− 5	− 0,25	25	1,25
[4 500; 5 000[	4 750	0,11	0,16	− 4	− 0,44	16	1,76
[5 000; 5 500[	5 250	0,20	0,36	− 3	− 0,60	9	1,80
[5 500; 6 000[	5 750	0,26	0,62	− 2	− 0,52	4	1,04
[6 000; 6 500[	6 250	0,13	0,75	− 1	− 0,13	1	0,13
[6 500; 7 000[	6 750	0,07	0,82	0	0	0	0
[7 000; 7 500[	7 250	0,06	0,88	+ 1	0,06	1	0,06
[7 500; 8 000[	7 750	0,04	0,92	+ 2	0,08	4	0,16
[8 000; 8 500[	8 250	0,04	0,96	+ 3	0,12	9	0,36
[8 500; 9 000[	8 750	0,03	0,99	+ 4	0,12	16	0,48
[9 000; 9 500[	9 250	0,01	1,00	+ 5	0,05	25	0,25
Total		**1,00**			**− 1,51**		**7,29**

3° Le salaire moyen se calcule à l'aide des centres de classes et des fréquences.
On a : $\bar{u} = \sum_i f_iu_i = -1{,}51$

$$\bar{x} = 500\bar{u} + 6\,750 = 500 \times (-1{,}51) + 6\,750 = 5\,995 \text{ F}$$

Le salaire moyen est de 5 995 F. La moyenne est bien supérieure à la médiane ($Me = 5\,750$ F).

4° La variance des x_i peut s'exprimer à l'aide de la variance des u_i.

$$\text{Var}(X) = 500^2 \times \text{Var}(U) \quad \text{si} \quad u_i = \frac{x_i - 6\,750}{500}$$

Il faut calculer Var (U) :

$\text{Var}(U) = \sum_i f_iu_i^2 - \bar{u}^2 = 7{,}29 - (-1{,}51)^2 = 5{,}009\,9$

$\text{Var}(X) = 500^2\ \text{Var}(U) = 250\,000 \times 5{,}099 = 1\,252\,475$

$\sigma(X) = \sqrt{1\,252\,475} \approx 1\,119$ F

L'écart-type est égal à 1 119 F.

4. **1°** La population est constituée des 100 plus « importantes » entreprises françaises du secteur bancaire. Cette définition reste floue tant que le critère d'importance n'a pas été précisé.
Une entreprise bancaire parmi ces 100 entreprises est un individu de la population.
Le caractère étudié est l'effectif salarié évalué en centaines.
Ce caractère est quantitatif discret et regroupé en classes, donc assimilable à un caractère continu.

2° Le tableau suivant donne :

les densités d'effectifs d_i,
les fréquences f_i,
les fréquences cumulées croissantes F_i,
les valeurs globales relatives q_i,
les valeurs globales relatives cumulées croissantes Q_i.

CLASSES	d_i	f_i	F_i	q_i	Q_i
[0; 2[	15,0	30 %	30 %	1,52 %	1,52 %
[2; 10[	3,3	26 %	56 %	6,40 %	7,92 %
[10; 20[	1,8	18 %	74 %	12,08 %	20,00 %
[20; 50[	0,5	16 %	90 %	24,00 %	44,00 %
[50; 150]	0,1	10 %	100 %	56,00 %	100,00 %

3° La figure suivante représente l'histogramme de cette série :

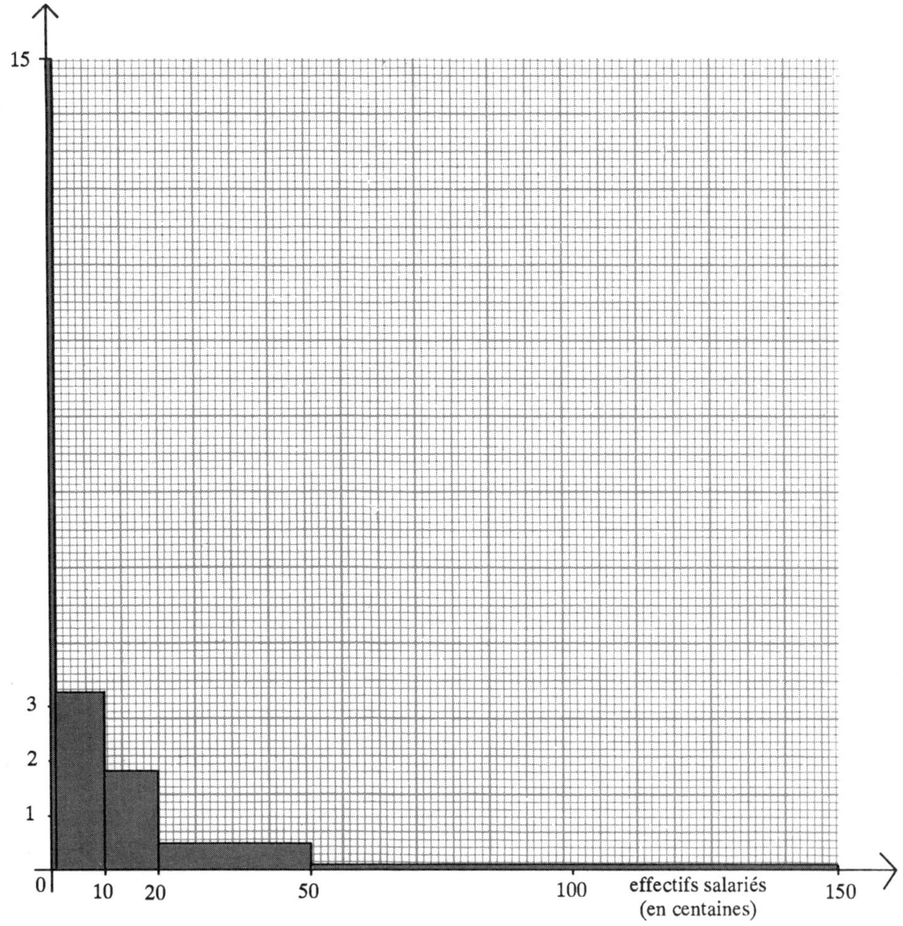

4° La courbe des fréquences cumulées croissantes est donnée par la figure suivante :

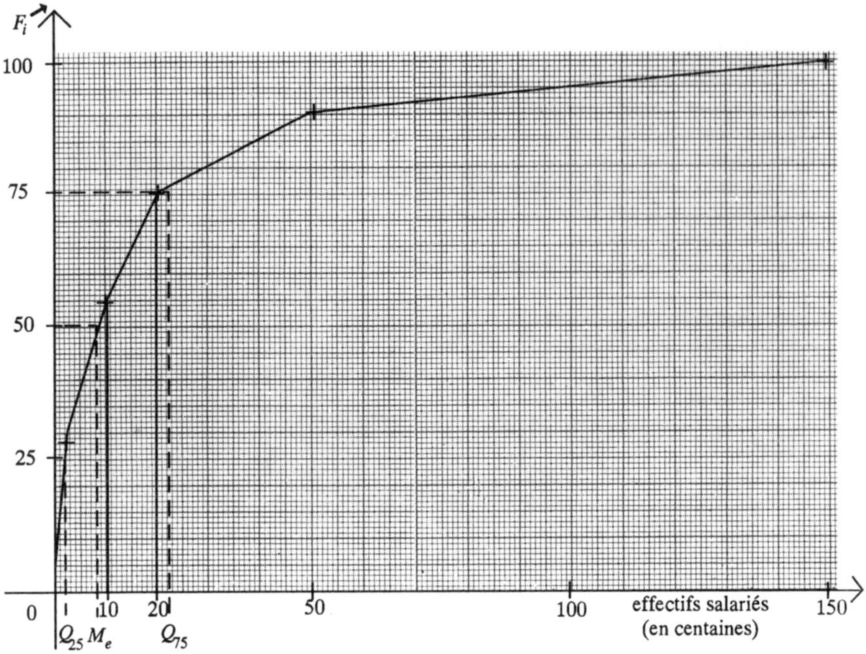

5° Sur le graphique précédent, on peut lire les estimations des quartiles :

$$Q_{25} \approx 1{,}7 \qquad Q_{50} = Me \approx 8 \qquad Q_{75} \approx 22.$$

En remarquant que les valeurs minimale et maximale sont respectivement 0 et 150, on peut construire la boîte à moustaches suivante :

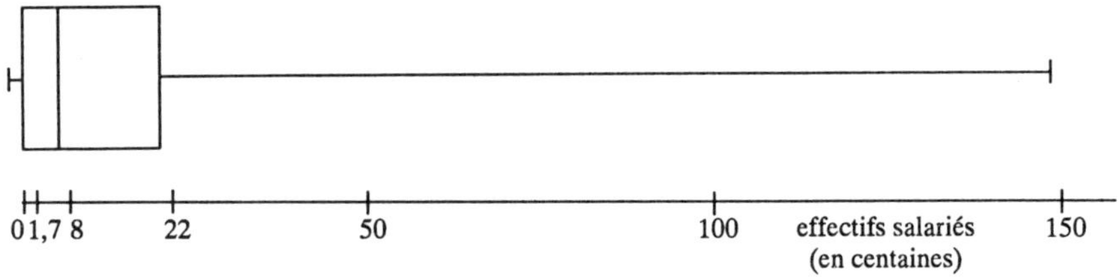

6° La médiale correspond à la médiane des valeurs globales. La médiale se trouve dans la classe [50; 150]

$$Mle = 50 + 100 \times \frac{50\ \% - 44\ \%}{56\ \%} \approx 60{,}7$$

Le total des salariés de toutes les entreprises ayant un effectif salarié inférieur à la médiale est égal à la moitié de l'effectif total.

7° La courbe suivante représente la courbe de concentration. Il est possible de déterminer graphiquement une valeur approchée de l'indice de Gini. On obtient : $i \approx 0{,}67$.

Le calcul de l'indice i peut se faire à l'aide du tableau précédent, en utilisant la méthode des trapèzes.

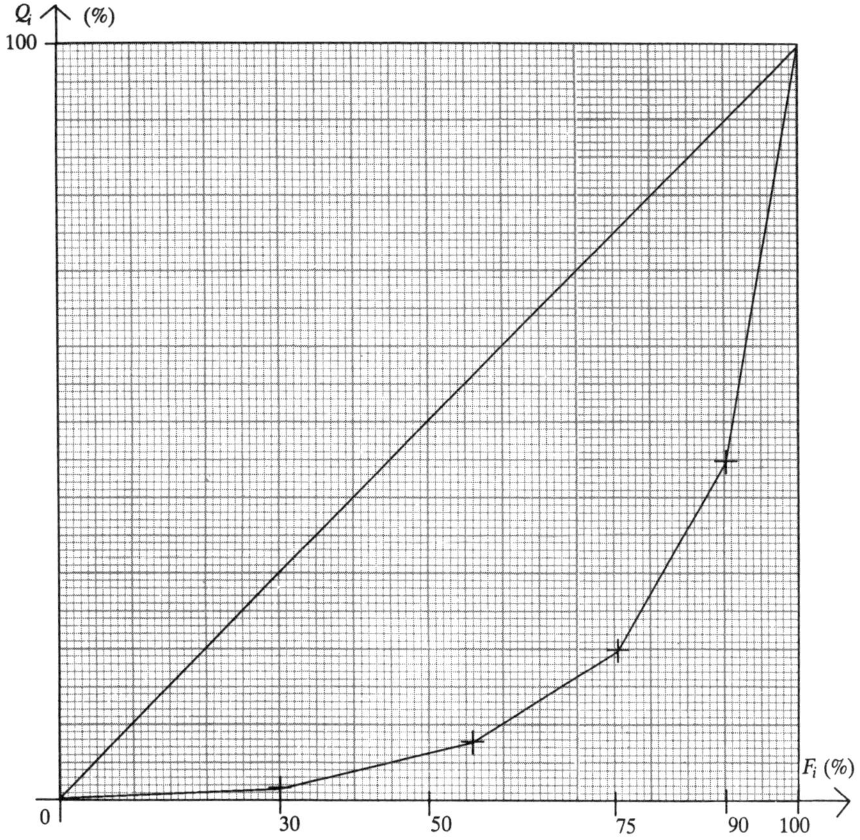

5. *I*) *Tableau 1*

CLASSES	x_i	n_i	d_i	f_i	F_i	$n_i x_i$	$n_i x_i^2$
[0; 50[	25	10	0,2	0,05	0,05	250	6 250
[50; 70[	60	48	2,4	0,24	0,29	2 880	172 800
[70; 90[	80	52	2,6	0,26	0,55	4 160	332 800
[90; 110[	100	34	1,7	0,17	0,72	3 400	340 000
[110; 130[	120	28	1,4	0,14	0,86	3 360	403 200
[130; 150[	140	22	1,1	0,11	0,97	3 080	431 200
[150; 200[	175	6	0,12	0,03	1,00	1 050	183 750
Total		**200**		**1,00**		**18 180**	**1 870 000**

1° Le nombre d'individus dont le revenu est supérieur ou égal à 90 000 F est égal à :

$$34 + 28 + 22 + 6 = 90$$

La proportion est égale à 90/200, c'est-à-dire 0,45.
45 % des individus ont un revenu supérieur à 90 000 F.

2° Représentation graphique
Les valeurs observées étant regroupées en classes, la représentation graphique la plus adaptée est l'histogramme. Pour dessiner l'histogramme (p. 182), il faut calculer la densité d_i de chaque classe, car l'amplitude des classes n'est pas constante :

$$d_i = \frac{n_i}{a_i} \text{ où } n_i \text{ est l'effectif et } a_i \text{ l'amplitude de la classe } i$$

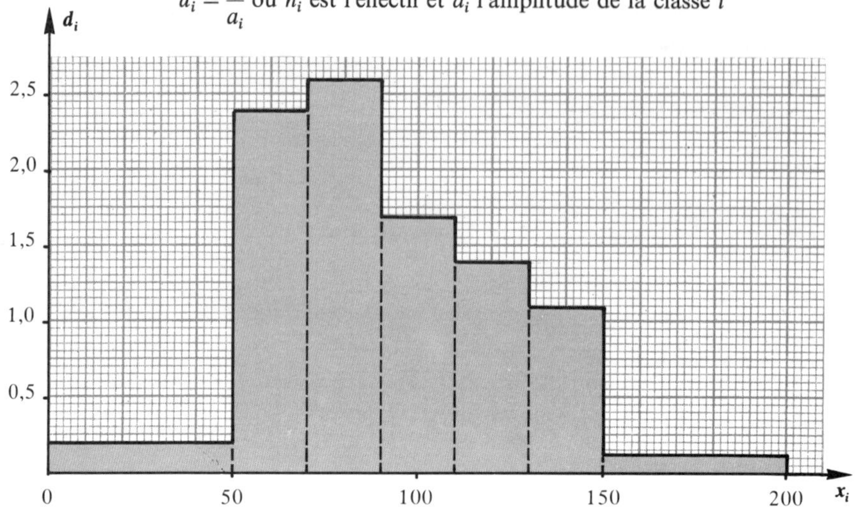

3° Le revenu moyen correspond à la moyenne arithmétique :

$$\bar{x} = \frac{\sum_i n_i x_i}{\sum_i n_i} = \frac{18\,180}{200} = 90{,}90$$

Le revenu moyen est donc égal à 90 900 F par an.

Le revenu médian correspond à la médiane. La médiane est dans la classe [70; 90[; donc, par interpolation, on a :

$$\frac{Me - 70}{90 - 70} = \frac{0{,}50 - 0{,}29}{0{,}55 - 0{,}29}$$

$$Me = 70 + 20 \times \frac{0{,}50 - 0{,}29}{0{,}55 - 0{,}29} \approx 86{,}154$$

50 % des individus ont un revenu annuel inférieur à 86 154 F.

4° Pour calculer la variance, nous allons utiliser les moments d'ordre 1 et d'ordre 2.

$$\text{Var} = \frac{\sum_i n_i x_i^2}{\sum_i n_i} - \left(\frac{\sum_i n_i x_i}{\sum_i n_i}\right)^2 = \frac{1\,870\,000}{200} - 90{,}90^2 = 1\,087{,}19$$

L'écart-type est la racine carrée de la variance et correspond à la dispersion autour de la moyenne arithmétique.

$$\sigma = \sqrt{1\,087{,}19} \approx 32{,}973$$

La dispersion moyenne autour de 90 900 F est de 32 973 F.

II) Tableau 2

MOIS	C. A. x_i	TÉLÉPHONE y_i	x_i^2	$y_i^2/10^2$	x_iy_i
Janvier	5,2	8 000	27,04	640 000	41 600
Février	5,4	8 300	29,16	688 900	44 820
Mars	6,2	9 500	38,44	902 500	58 900
Avril	6,9	9 800	47,61	960 400	67 620
Mai	6,4	9 300	40,96	864 900	59 520
Juin	5,8	8 800	33,64	774 400	51 040
Juillet	4,1	8 100	16,81	656 100	33 210
Août	1,2	4 600	1,44	211 600	5 520
Septembre	3,9	8 800	15,21	774 400	34 320
Octobre	6,3	9 000	39,69	810 000	56 700
Novembre	6,6	9 200	43,56	846 400	60 720
Décembre	5,9	8 500	34,81	722 500	50 150
Total	**63,9**	**101 900**	**368,37**	**8 852 100**	**564 120**

1° Représentation graphique

Le nuage de points est allongé et permet de mettre en évidence une corrélation positive entre les deux variables.

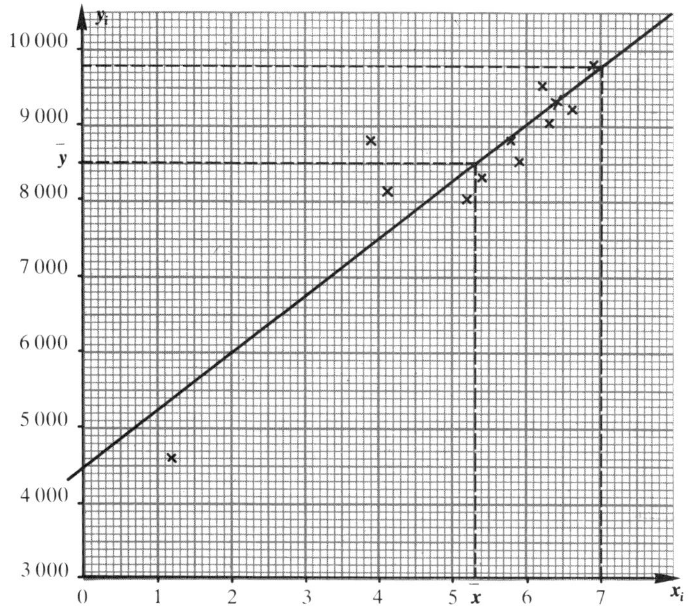

2° *a)* Pour que l'ajustement affine soit fiable, il faut que le coefficient de corrélation linéaire soit proche de 1, dans ce cas.

$$r = \frac{\text{cov}\,(X, Y)}{\sigma(X)\sigma(Y)} \quad \text{avec} \quad \text{cov}\,(X, Y) = \frac{1}{n}\left(\sum_i x_i y_i\right) - \bar{x}\,\bar{y}$$

Calculons la moyenne et la variance des deux variables :

$$\bar{x} = \frac{63{,}90}{12} = 5{,}325 \qquad \text{Var}(X) = \frac{\sum_i x_i^2}{n} - \bar{x}^2 \approx 2{,}342$$

$$\bar{y} = \frac{101\,900}{12} \approx 8\,491{,}67 \qquad \text{Var}(Y) = \frac{\sum_i y_i^2}{n} - \bar{y}^2 \approx 1\,659\,097{,}22$$

D'où : $\sigma(X) \approx 1{,}53$ et $\sigma(Y) \approx 1\,288{,}06$

Calculons la covariance :

$$\text{Cov}(X, Y) = \frac{564\,120}{12} - 5{,}325 \times 8\,491{,}67 \approx 1\,791{,}86$$

On obtient donc le coefficient de corrélation linéaire r :

$$r = \frac{1\,791{,}86}{1{,}53 \times 1\,288{,}06} \approx 0{,}909$$

Le coefficient de corrélation linéaire est assez proche de 1.

b) Équation de la droite d'ajustement :

$$y - \bar{y} = a(x - \bar{x})$$

$$\text{avec} \quad a = \frac{\text{Cov}(X, Y)}{\text{Var}(X)} = \frac{1\,791{,}86}{2{,}342} \approx 765{,}1$$

D'où l'équation : $y = 765{,}1x + 4\,417{,}5$

3° Pour calculer les frais fixes de téléphone, on peut utiliser la droite d'ajustement et supposer que le chiffre d'affaires est nul :

$$y = 765{,}1 \times 0 + 4\,417{,}5 = 4\,417{,}5$$

On peut donc estimer les frais fixes de téléphone à 4 417 F par mois.

Remarque : On peut obtenir ce résultat graphiquement. En effet, c'est le point d'intersection de la droite d'ajustement et de l'axe des ordonnées.

4° On peut estimer les frais de téléphone au mois de janvier de l'année suivante en remplaçant dans l'équation de la droite d'ajustement x par la valeur du chiffre d'affaires :

$$y = 765{,}1 \times 7 + 4\,417{,}5 = 9\,773{,}2 \text{ F}$$

On peut donc estimer les frais de téléphone pour le mois de janvier de l'année suivante, à 9 773 francs.

6. 1° Croissance de la consommation médicale :

1978	1979	1980	1981	1982
19 %	16 %	17 %	18 %	18 %

De 1977 à 1982, la consommation médicale a donc été multipliée par 1,19; puis par 1,16; puis par 1,17; puis par 1,18; et enfin par 1,18. En désignant par a le taux de croissance annuel moyen pour 1 F, on doit avoir :

$$(1 + a)^5 = 1{,}19 \times 1{,}16 \times 1{,}17 \times 1{,}18 \times 1{,}18$$

Soit : $1 + a = (1{,}19 \times 1{,}16 \times 1{,}17 \times 1{,}18 \times 1{,}18)^{1/5} \approx 1{,}1\,760$

La croissance annuelle moyenne, pour la consommation médicale, est donc de 17,60 % pour les années 1978 à 1982.

Croissance de la consommation des ménages :

1978	1979	1980	1981	1982
14 %	14 %	15 %	15 %	15 %

On obtient de la même manière que ci-dessus :

$$1 + a = [(1{,}14)^2 \times (1{,}15)^3]^{1/5} \approx 1{,}146\,0$$

soit une croissance annuelle moyenne de 14,60 %.

Vous pouvez remarquer que la consommation médicale croît plus vite que l'ensemble des consommations et réfléchir aux causes de ce phénomène et aux problèmes qu'il pose.

2° Consommation médicale :
L'indice 79/78 est égal à 116 et l'indice 80/79 vaut 117; par conséquent (transitivité des indices élémentaires), l'indice 80/78 est égal à (116 × 117)/100, soit 135,7.
En itérant ce raisonnement, on trouve :

$$I_{82/78} = \frac{116 \times 117 \times 118 \times 118}{100 \times 100 \times 100} \approx 189{,}0$$

Consommation des ménages :
De la même façon, on trouve :

$$I'_{82/78} = \frac{114 \times 115 \times 115 \times 115}{100 \times 100 \times 100} \approx 173{,}4$$

3° L'indice-chaîne se construit de proche en proche (maillon par maillon!) en utilisant la définition :

$$100 \times C_{t'/0} = I_{t'/t} \times I_{t'/0}$$

En prenant pour base 100 l'année 1974, on trouve pour la **consommation médicale :**

$$C_{76/74} = (I_{76/75} \times I_{75/74})/100 = (117 \times 125)/100 = 146{,}2$$

et finalement le tableau :

1974	1975	1976	1977	1978	1979	1980	1981	1982
100	125	146,2	163,8	194,9	226,1	264,5	312,2	368,4

Pour la **consommation des ménages,** on trouve :

1974	1975	1976	1977	1978	1979	1980	1981	1982
100	115	132,2	149,4	170,4	194,2	223,3	256,8	295,4

On peut alors vérifier les résultats de la 2ème question :

$$I_{82/78} = \frac{368,4}{194,9} \times 100 \approx 189,0$$

$$I'_{82/78} = \frac{295,4}{170,4} \times 100 \approx 173,4$$

7. **1°** Voir la figure (page suivante).

La courbe représentant les valeurs brutes est une courbe en dents de scie avec un phénomène saisonnier très prononcé. En effet, les mois de juillet et août correspondent à une chute du nombre de billets vendus.

2° Les valeurs corrigées sont obtenues de la façon suivante :

$$\text{Valeur corrigée} = \frac{\text{Valeur brute} \times \text{Nombre moyen de jours par mois}}{\text{Nombre de jours du mois considéré}}$$

Attention! l'année $a + 1$ étant une année bissextile, le nombre moyen de jours par mois est 30,50.
Le nombre moyen de jours par mois est de 30,42, pour les années a et $a + 2$.
Les valeurs corrigées sont les valeurs x_i du tableau de la page 190.

3° Voir la figure.

4° Les moyennes mobiles sur 12 mois sont calculées de la façon suivante :

$$y_i = \frac{(x_{i-6}/2) + x_{i-5} + \dots + x_i + \dots + x_{i+5} + (x_{i+6}/2)}{12}$$

Ces valeurs y_i correspondent à la série désaisonnalisée.

5° Voir la figure.
La courbe obtenue montre que le phénomène est légèrement croissant. Cette courbe permet de mettre en évidence la tendance.

6° Pour calculer l'équation de la droite de tendance, il faut faire un ajustement affine sur les moyennes mobiles y_i.
Pour ceci, il faut que la variable temps soit une variable numérique. On peut prendre pour le mois de juillet de l'année a la valeur $t = 1$, car les moyennes mobiles ne sont calculées que de juillet de l'année a à juin de l'année $a + 2$.
Si l'équation de la droite s'écrit : $y = at + b$, on a :

$$a = \frac{\text{cov}\,(T, Y)}{\sigma^2(T)} \quad \text{et} \quad b = \bar{y} - a\bar{t}$$

Il faut calculer moyennes et variances des variables ainsi que la covariance.

$$\bar{t} = \frac{\sum_i t_i}{24} = 12,5 \quad \text{et} \quad \sigma^2(T) = \frac{\sum_i t_i^2}{24} - \bar{t}^2 \approx 47,92$$

$$\bar{y} = \frac{\sum_i y_i}{24} = 36,12 \quad \text{et} \quad \sigma^2(Y) = \frac{\sum_i y_i^2}{24} - \bar{y}^2 \approx 4,6$$

$$\text{Cov}\,(T, Y) = \frac{\sum_i t_i y_i}{24} - \bar{t}\,\bar{y} = \frac{11\,190,6}{24} - 12,5 \times 36,12 \approx 14,78$$

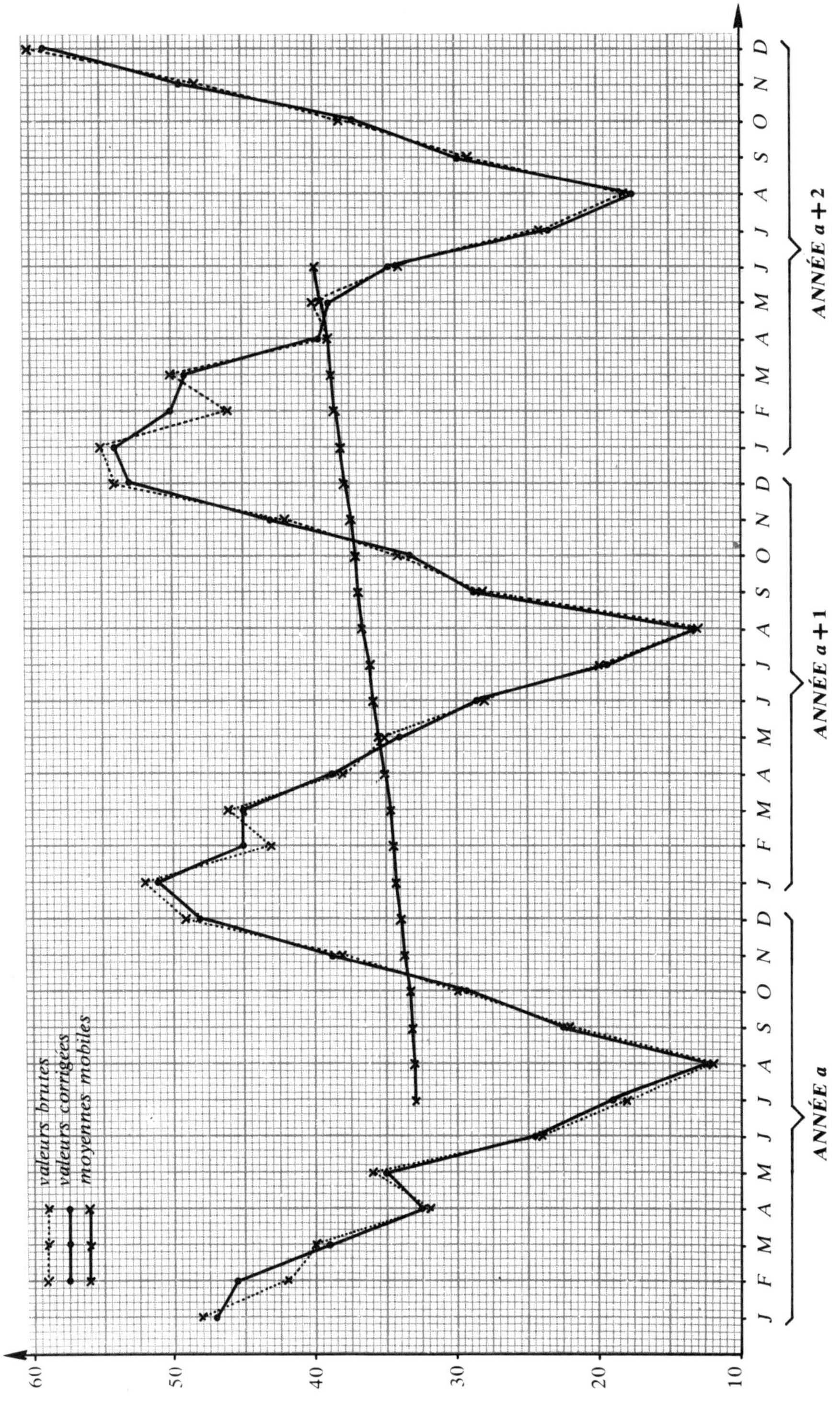
valeurs brutes
valeurs corrigées
moyennes mobiles
60
50
40
30
20
10
J F M A M J J A S O N D
ANNÉE a
J F M A M J J A S O N D
ANNÉE a+1
J F M A M J J A S O N D
ANNÉE a+2

On obtient donc :

$$a = \frac{14,78}{47,92} \approx 0,308 \quad \text{et} \quad b = 36,12 - 0,308 \times 12,5 \approx 32,266$$

La droite de tendance a donc pour équation : $y = 0,308t + 32,266$

7° Pour mesurer la qualité de l'ajustement, nous allons calculer le coefficient de corrélation linéaire :

$$r = \frac{\text{Cov}\,(T, Y)}{\sigma(T)\sigma(Y)} = \frac{14,78}{\sqrt{47,92 \times 4,6}} \approx 0,995\,5$$

Le coefficient de corrélation est égal à 0,995 5, valeur très proche de 1. On peut considérer qu'il y a une forte corrélation.

8° Les coefficients saisonniers sont calculés à l'aide des valeurs corrigées x_i et des moyennes mobiles y_i. En adoptant un schéma multiplicatif, on a :

$$c_i = \frac{x_i}{y_i}$$

9° Pour faire de la prévision, nous allons utiliser l'équation de la droite de tendance. Les six premiers mois de l'année $a + 3$ correspondent dans notre modèle à des périodes t dont les valeurs sont 31, 32, 33, 34, 35, 36.
Nous pouvons donc calculer des valeurs $\hat{y}$, à l'aide de l'équation :

$$y = 0,308t + 32,266$$

On obtient :

$$\begin{aligned}
\hat{y}_{31} &= 0,308 \times 31 + 32,266 = 41,814 \\
\hat{y}_{32} &= 0,308 \times 32 + 32,266 = 42,122 \\
\hat{y}_{33} &= 0,308 \times 33 + 32,266 = 42,430 \\
\hat{y}_{34} &= 0,308 \times 34 + 32,266 = 42,738 \\
\hat{y}_{35} &= 0,308 \times 35 + 32,266 = 43,046 \\
\hat{y}_{36} &= 0,308 \times 36 + 32,266 = 43,354
\end{aligned}$$

Ces prévisions ne correspondent pas à un phénomène réel, car elles ne prennent pas en compte l'effet saisonnier. Pour introduire dans ces prévisions la composante saisonnière, nous allons utiliser les coefficients saisonniers calculés précédemment. Pour chacun des mois de l'année, nous avons deux coefficients saisonniers; nous pouvons donc prendre la moyenne des deux coefficients pour notre calcul de prévision :

janvier :	(1,49 + 1,41)/2 = 1,45	juillet :	(0,54 + 0,54)/2 = 0,54
février :	(1,31 + 1,30)/2 = 1,305	août :	(0,36 + 0,35)/2 = 0,355
mars :	(1,30 + 1,27)/2 = 1,285	septembre :	(0,67 + 0,77)/2 = 0,72
avril :	(1,10 + 1,01)/2 = 1,055	octobre :	(0,87 + 0,90)/2 = 0,885
mai :	(0,97 + 1,00)/2 = 0,985	novembre :	(1,14 + 1,14)/2 = 1,14
juin :	(0,79 + 0,86)/2 = 0,825	décembre :	(1,41 + 1,40)/2 = 1,405

La somme des coefficients est égale à : $S = 11,95$

Pour chaque mois de l'année, on peut calculer un coefficient saisonnier s_i en multipliant chacun des coefficients par $\frac{12}{11,95}$, ce qui donnera :

$$\sum_{i=1}^{12} s_i = 12$$

Pour faire de la prévision sur les 6 premiers mois de l'année $a + 3$, nous allons calculer 6 coefficients saisonniers :

$$\begin{aligned}
&\text{janvier : } s_1 = 1{,}45 \times 12/11{,}95 \approx 1{,}46\\
&\text{février : } s_2 = 1{,}305 \times 12/11{,}95 \approx 1{,}31\\
&\text{mars : } s_3 = 1{,}285 \times 12/11{,}95 \approx 1{,}29\\
&\text{avril : } s_4 = 1{,}055 \times 12/11{,}95 \approx 1{,}06\\
&\text{mai : } s_5 = 0{,}985 \times 12/11{,}95 \approx 0{,}99\\
&\text{juin : } s_6 = 0{,}825 \times 12/11{,}95 \approx 0{,}83
\end{aligned}$$

$$\begin{aligned}
&\text{Prévision pour janvier : } \hat{x}_{31} = 1{,}46 \times \hat{y}_{31} = 1{,}46 \times 41{,}814 \approx 61{,}05\\
&\text{février : } \hat{x}_{32} = 1{,}31 \times \hat{y}_{32} = 1{,}31 \times 42{,}122 \approx 55{,}18\\
&\text{mars : } \hat{x}_{33} = 1{,}29 \times \hat{y}_{33} = 1{,}29 \times 42{,}340 \approx 54{,}62\\
&\text{avril : } \hat{x}_{34} = 1{,}06 \times \hat{y}_{34} = 1{,}06 \times 42{,}738 \approx 45{,}30\\
&\text{mai : } \hat{x}_{35} = 0{,}99 \times \hat{y}_{35} = 0{,}99 \times 43{,}046 \approx 42{,}62\\
&\text{juin : } \hat{x}_{36} = 0{,}83 \times \hat{y}_{36} = 0{,}83 \times 43{,}354 \approx 35{,}98
\end{aligned}$$

Ces valeurs prévisionnelles $\hat{x}$ correspondent en fait à des prévisions en valeurs corrigées. Il est donc souhaitable de donner des prévisions en valeurs brutes. On obtient alors :

$$\begin{aligned}
&\text{Prévision pour janvier : } \hat{x}_{31} \times \frac{31}{30{,}42} = 61{,}05 \times \frac{31}{30{,}42} \approx 62{,}21\\
&\text{février : } \hat{x}_{32} \times \frac{28}{30{,}42} = 55{,}18 \times \frac{28}{30{,}42} \approx 50{,}79\\
&\text{mars : } \hat{x}_{33} \times \frac{31}{30{,}42} = 54{,}62 \times \frac{31}{30{,}42} \approx 55{,}66\\
&\text{avril : } \hat{x}_{34} \times \frac{30}{30{,}42} = 45{,}30 \times \frac{30}{30{,}42} \approx 44{,}67\\
&\text{mai : } \hat{x}_{35} \times \frac{31}{30{,}42} = 42{,}62 \times \frac{31}{30{,}42} \approx 43{,}43\\
&\text{juin : } \hat{x}_{36} \times \frac{30}{30{,}42} = 35{,}98 \times \frac{30}{30{,}42} \approx 35{,}48
\end{aligned}$$

(*Voir tableau page suivante.*)

MOIS	ANNÉE	VALEURS BRUTES	VALEURS CORRIGÉES x_i	MOYENNES MOBILES y_i	TEMPS t_i	$t_i y_i$	y_i^2	t_i^2	COEFFICIENT SAISONNIER c_i
J	*a*	48	47,1	—					
F		42	45,6	—					
M		40	39,2	—					
A		32	32,4	—					
M		36	35,3	—					
J		24	24,3	—					
J		18	17,7	32,8	1	32,8	1 075,8	1	0,54
A		12	11,8	33,0	2	66,0	1 089,0	4	0,36
S		22	22,3	33,2	3	99,6	1 102,2	9	0,67
O		30	29,4	33,7	4	134,8	1 135,7	16	0,87
N		38	38,5	33,9	5	169,5	1 149,2	25	1,14
D		49	48,1	34,1	6	204,6	1 162,8	36	1,41
J	*a + 1*	52	51,2	34,3	7	240,1	1 176,5	49	1,49
F		43	45,2	34,5	8	276,0	1 190,3	64	1,31
M		46	45,3	34,8	9	313,2	1 211,0	81	1,30
A		38	38,6	35,2	10	352,0	1 239,0	100	1,10
M		35	34,4	35,5	11	390,5	1 260,3	121	0,97
J		28	28,5	35,9	12	430,8	1 288,8	144	0,79
J		20	19,7	36,2	13	470,6	1 310,4	169	0,54
A		13	12,8	36,6	14	512,4	1 339,6	196	0,35
S		28	28,5	36,9	15	553,5	1 361,6	225	0,77
O		34	33,5	37,1	16	593,6	1 376,4	256	0,90
N		42	42,7	37,4	17	635,8	1 398,8	289	1,14
D		54	53,1	37,8	18	680,4	1 428,8	324	1,40
J	*a + 2*	55	54,0	38,2	19	725,8	1 459,2	361	1,41
F		46	50,0	38,6	20	772,0	1 490,0	400	1,30
M		50	49,1	38,8	21	814,8	1 505,4	441	1,27
A		39	39,5	39,0	22	858,0	1 521,0	484	1,01
M		40	39,3	39,4	23	906,2	1 552,4	529	1,00
J		34	34,5	39,9	24	957,6	1 592,0	576	0,86
J		24	23,6	—					
A		18	17,7	—					
S		29	29,4	—					
O		38	37,3	—					
N		48	48,7	—					
D		60	58,9	—					
Total				**866,8**	**300**	**11 190,6**	**31 416,3**	**4 900**	

LOTO-TESTS

MODE D'EMPLOI

Pour chacun des trois **Loto-tests** qui suivent, vous devez :

– lire le texte des questions;

– cocher une seule réponse parmi celles proposées (il y a 20 bonnes réponses pour 49 proposées);

– vérifier vos réponses page 206.

Si vous n'obtenez pas 20, nous vous conseillons de relire :

– pour le Loto-test n° **1** : les chapitres **1**, **2**;
– pour le Loto-test n° **2** : les chapitres **3**, **4**, **5**, **6**;
– pour le Loto-test n° **3** : les chapitres **7**, **8**, **9**.

LOTO-TEST N° 1

1. La distribution représentée ci-contre est :

☐ *1.* étalée vers la gauche.
☐ *2.* étalée vers la droite.

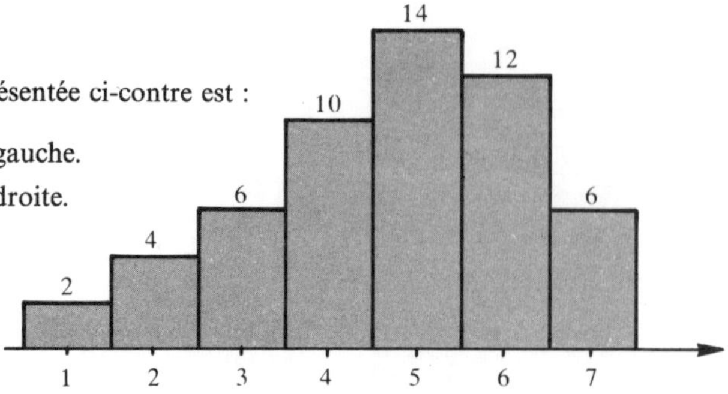

2. Les caractères suivants sont

	qualitatifs?	**quantitatifs?**
– le tour de ceinture d'une personne	☐ *3.*	☐ *4.*
– le code postal de l'habitation principale d'un foyer français	☐ *5.*	☐ *6.*
– l'activité économique d'un pays	☐ *7.*	☐ *8.*
– la superficie d'une exploitation agricole	☐ *9.*	☐ *10.*

3. Le caractère quantitatif X admet la distribution suivante :

CLASSES	[0, 1[	[1, 2[	[2, 4[
EFFECTIFS	40	30	30

1° Quelle est la représentation graphique des fréquences qui convient?

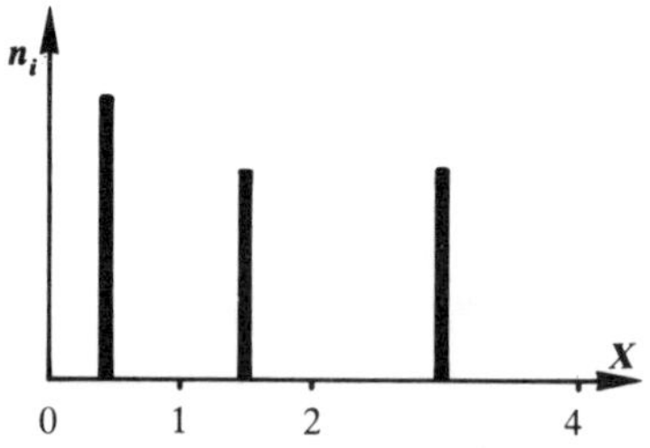

☐ *11.*

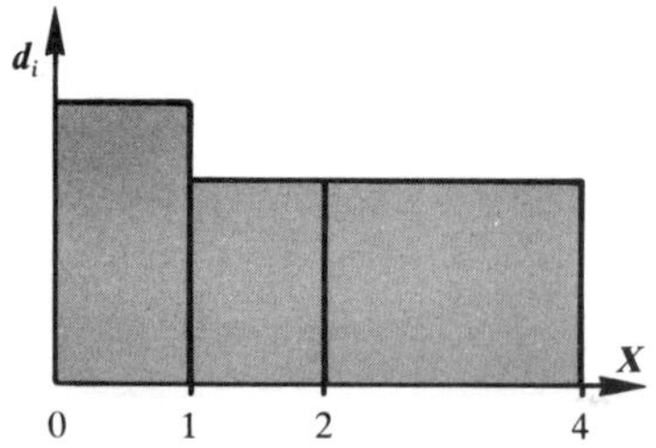

☐ *13.*

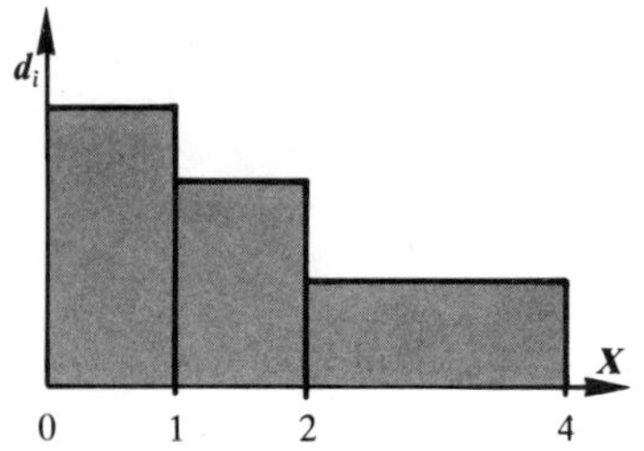

☐ *12.*

une autre représentation graphique?

☐ *14.*

2° Quelle représentation graphique des fréquences cumulées (croissantes) convient?

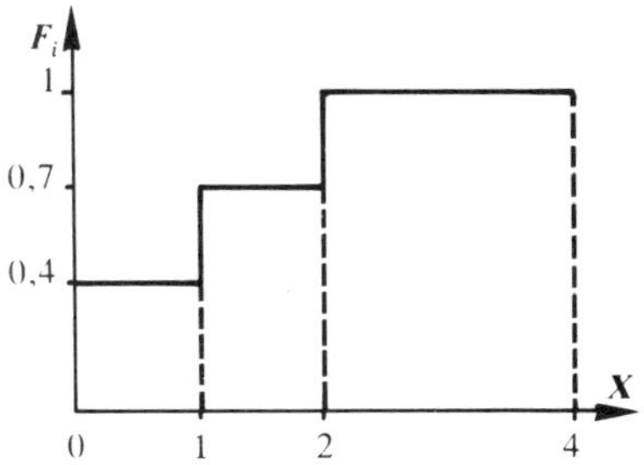

☐ *15.*

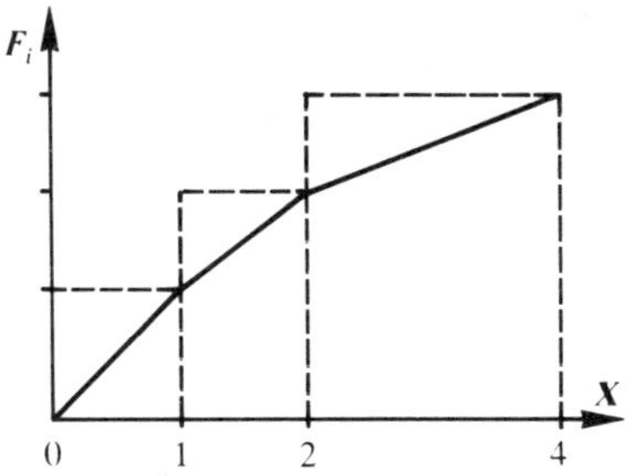

☐ *16.*

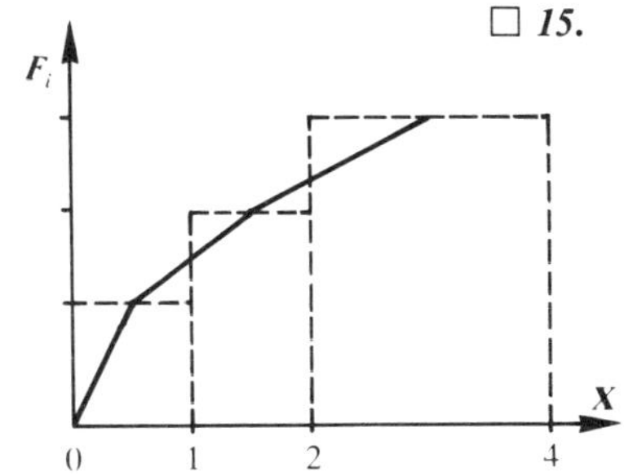

☐ *17.*

une autre représentation graphique?

☐ *18.*

4. Les classes suivantes sont-elles « bien définies »?

$]-\infty, \quad 0[$	moins de 4	$X \leqslant 1$	[0,5; 2,5]
$[0, \quad 100[$	entre 4 et 8	$1 < X \leqslant 2$	[3 ; 4,5]
$[100, \quad 300[$	entre 8 et 12	$2 < X \leqslant 5$	[5 ; 5,5]
$[300, \quad 600[$	entre 12 et 14	$5 < X \leqslant 10$	[6 ; 6,5]
$[600, +\infty[$	plus de 14	$X > 10$	[7 ; 7,5]
☐ *19.* OUI	☐ *21.* OUI	☐ *23.* OUI	☐ *25.* OUI
☐ *20.* NON	☐ *22.* NON	☐ *24.* NON	☐ *26.* NON

5. La fréquence d'une classe s'obtient en divisant l'effectif de la classe par ...

☐ *27.* l'effectif total?

☐ *28.* le nombre de classes?

☐ *29.* l'amplitude de la classe?

6. Le caractère quantitatif discret X admet le tableau de distribution suivant :

VALEURS	1	2	3	4	5	**Total**
FRÉQUENCES	10,5 %	22,3 %	30,4 %	23,6 %	13,2 %	100 %

Quelle est la fréquence cumulée (« croissante ») pour $x = 3$? $F(3) = \ldots$

☐ *30.* 67,2 % ☐ *31.* 63,2 % ☐ *32.* 32,8 % ☐ *33.* 30,4 %

7. La représentation graphique ci-contre est un diagramme . . .

☐ *34.* « en bâtons »

☐ *35.* « à secteurs »

☐ *36.* « à bandes »

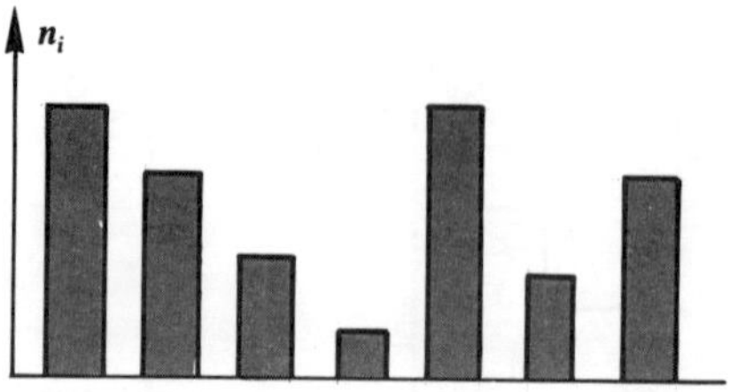

8. Un histogramme est une représentation graphique de la distribution des fréquences d'une variable statistique continue.

☐ *37.* VRAI ☐ *38.* FAUX

9. Pour une distribution **continue,** l'effectif total s'obtient en multipliant l'effectif de chaque classe par le centre de la classe et en ajoutant les nombres ainsi obtenus.

☐ *39.* VRAI ☐ *40.* FAUX

10. Le tableau ci-contre (notes obtenues par 40 étudiants à un examen de Statistiques) est un tableau . . .

☐ *41.* « de données ponctuelles »

☐ *42.* « de distribution »

12	9	7	1	13	18	12	3
4	6	9	14	5	0	6	15
7	10	3	5	9	5	6	9
0	7	13	8	4	4	11	3
10	12	6	5	8	0	1	7

11. Dans un diagramme à secteurs (disque), la modalité n° 2 du tableau ci-contre serait représentée par un secteur d'angle...

☐ *43.* 15 degrés

☐ *44.* 54 degrés

☐ *45.* 60 degrés

MODALITÉS	EFFECTIFS
n° 1	30
n° 2	15
n° 3	25
n° 4	30

12. Les caractères quantitatifs suivants peuvent-ils être considérés comme des variables statistiques continues?

– le nombre d'accidents du travail survenus dans une PME en 1 an ☐ *46.* OUI ☐ *47.* NON

– la teneur en aluminium d'un alliage ☐ *48.* OUI ☐ *49.* NON

LOTO-TEST N° 2

1. La médiane d'une distribution est toujours égale au second quartile.

☐ *1.* OUI ☐ *2.* NON

2. Soit trois dates t_0, t_1, t_2 ($t_0 < t_1 < t_2$) et I_{t_1/t_0}, I_{t_2/t_0} deux indices élémentaires de quantités. La quantité a augmenté entre les dates t_1 et t_2; donc ...

☐ *3.* $I_{t_1/t_0} < I_{t_2/t_0}$ ☐ *4.* $I_{t_1/t_0} > I_{t_2/t_0}$

3. Si la représentation graphique d'une distribution est étalée vers la droite, on a :

☐ *5.* $\bar{x} < Me < Mo$ ☐ *6.* $Mo < \bar{x} < Me$ ☐ *7.* $Mo < Me < \bar{x}$

4. L'étude d'un caractère quantitatif X fournit les résultats suivants :

$$m_2(X) = \frac{1}{n}\sum_i n_i x_i^2 = 1\,985 \quad \text{et} \quad m_1(X) = \frac{1}{n}\sum_i n_i x_i = 42$$

L'écart-type de X vaut donc...

☐ *8.* 14,9 ☐ *9.* 44,1 ☐ *10.* 221

5. Dans une série statistique, il est possible de déterminer dix déciles.

☐ *11.* OUI ☐ *12.* NON

6. Le calcul d'un indice de Laspeyres nécessite de pondérer les indices élémentaires par des coefficients budgétaires relatifs...

☐ *13.* à la période de base ☐ *14.* à la période courante.

7. Une distribution statistique a un moment centré d'ordre 3 négatif. Sa représentation graphique est :

☐ *15.* étalée vers la gauche

☐ *16.* symétrique

☐ *17.* étalée vers la droite.

8. Soit $X = (x_i)$ et $Y = (y_i)$ deux séries statistiques de moyennes respectives $\bar{x}$ et $\bar{y}$. Soit $Z = (z_i)$ la série définie par :

$$\forall i, \quad z_i = x_i - y_i$$

a) La moyenne de la série $Z = X - Y$ est : $\bar{z} = \bar{x} - \bar{y}$

☐ *18.* OUI ☐ *19.* NON

b) L'écart-type de la série $Z = X - Y$ est : $\sigma(Z) = \sigma(X) - \sigma(Y)$

☐ ***20.*** OUI ☐ ***21.*** NON

c) En supposant que X et Y sont indépendants, Var (Z) = Var ($X - Y$) est égal à :

☐ ***22.*** Var (X) − Var (Y) ☐ ***23.*** Var (X) + Var (Y)

9. Si, pour un caractère quantitatif continu et positif, la médiane est très peu différente de la médiale, alors l'indice de concentration de Gini est peu différent de...

☐ ***24.*** 0 ☐ ***25.*** 0,5 ☐ ***26.*** 1

10. Un indice de prix est toujours supérieur à 100.

☐ ***27.*** OUI ☐ ***28.*** NON

11. L'écart absolu moyen par rapport à la moyenne est plus petit que l'écart absolu moyen par rapport à la médiane.

☐ ***29.*** OUI ☐ ***30.*** NON

12. Soit X le caractère quantitatif défini par le tableau de distribution suivant :

CLASSES	EFFECTIFS	FRÉQUENCES CUMULÉES
[0; 100[	125	0,25
[100; 200[	131	0,512
[200; 300[	108	0,728
[300; 400[	136	1
Total	**500**	

a) La moyenne $\bar{x}$ vaut :

☐ ***31.*** 125 ☐ ***32.*** 201

b) La médiane *Me* vaut (calculée par interpolation linéaire) :

☐ ***33.*** 104,6 ☐ ***34.*** 195,4

13. Cocher la nature des indicateurs numériques suivants :

	paramètre de position	paramètre de dispersion	ni l'un, ni l'autre
– écart absolu moyen par rapport à la médiane	☐ ***35.***	☐ ***36.***	☐ ***37.***
– effectif total	☐ ***38.***	☐ ***39.***	☐ ***40.***
– troisième décile	☐ ***41.***	☐ ***42.***	☐ ***43.***
– coefficient γ de Fisher	☐ ***44.***	☐ ***45.***	☐ ***46.***
– moyenne géométrique	☐ ***47.***	☐ ***48.***	☐ ***49.***

LOTO-TEST N° 3

1. La covariance comme la variance est un nombre toujours positif.

☐ *1.* OUI ☐ *2.* NON

2. Considérons sur une année une série de 12 valeurs mensuelles. La série désaisonnalisée sur 3 mois comporte...

☐ *3.* 12 valeurs ☐ *4.* 10 valeurs ☐ *5.* 9 valeurs ☐ *6.* 4 valeurs

3. Désaisonnaliser une série chronologique permet de soustraire la composante cyclique.

☐ *7.* OUI ☐ *8.* NON

4. Si les deux droites d'ajustement (X en Y et Y en X) ont leur coefficient directeur négatif, alors le coefficient de corrélation linéaire de (X, Y) est...

☐ *9.* négatif. ☐ *10.* positif.

5. Soit (X, Y) une distribution statistique double. X prend p valeurs et Y prend q valeurs ($p < q$).

a) La distribution conditionnelle de Y liée par $X = x_p$ prend...

☐ *11.* p valeurs ☐ *12.* q valeurs

b) La moyenne de la distribution $\overline{X^c}$ des moyennes conditionnelles de X liées par Y est toujours égale à $\bar{x}$.

☐ *13.* OUI ☐ *14.* NON

c) La moyenne des variances conditionnelles est toujours égale à la variance des moyennes conditionnelles.

☐ *15.* OUI ☐ *16.* NON

6. Pour une série chronologique, « valeurs corrigées » et « valeurs désaisonnalisées » sont deux termes synonymes.

☐ *17.* OUI ☐ *18.* NON

7. Si la variance « expliquée » par la droite (D) d'ajustement de Y en X est égale à la variance « résiduelle » autour de (D), alors le coefficient de corrélation linéaire de X et Y vaut...

☐ *19.* $\pm 0{,}5$ ☐ *20.* $\pm 0{,}7$ ☐ *21.* ± 1

8. Pour justifier un ajustement affine, on a calculé le coefficient de corrélation linéaire r. Dans les cas suivants, le résultat est...

	médiocre	bon	idiot
a) $r = 1{,}22$	☐ ***22.***	☐ ***23.***	☐ ***24.***
b) $r = -0{,}89$	☐ ***25.***	☐ ***26.***	☐ ***27.***

9. Soit la statistique double définie par le tableau suivant :

X \ Y	1	2
− 10	a	10
20	10	b

$a, b \in \mathbb{N}$

a) Parmi les substitutions suivantes, laquelle donne un coefficient de détermination nul?

☐ ***28.*** $a = 20, b = 20$ ☐ ***29.*** $a = 20, b = 5$

b) Parmi les substitutions suivantes, laquelle donne un coefficient de détermination égal à 1?

☐ ***30.*** $a = 0, b = 0$ ☐ ***31.*** $a = 5, b = 20$

10. Les rapports de corrélation sont des nombres toujours compris entre 0 et + 1.

☐ ***32.*** OUI ☐ ***33.*** NON

11. Deux caractères X et Y, définis sur une même population d'effectif $n = 1\,000$, sont statistiquement indépendants. Sachant que $n_{4.} = 400$ et $n_{.5} = 320$, on peut affirmer que $n_{4,5}$ est égal à...

☐ ***34.*** 80 ☐ ***35.*** 128 ☐ ***36.*** 720

12. $\text{Var}(X) = 144$, $\text{Var}(Y) = 81$, $\text{Var}(X + Y) = 25$.
Donc : $\text{Cov}(X, Y) = ...$

☐ ***37.*** − 200 ☐ ***38.*** − 100 ☐ ***39.*** 200

13. Trouver $\eta^2(Y/X) = 1$ et $\eta^2(X/Y) = 0$ est parfaitement absurde!

☐ ***40.*** OUI ☐ ***41.*** NON

14. Si le coefficient de corrélation linéaire de (X, Y) est 0,8, alors le coefficient de corrélation linéaire de (Y, X) est...

☐ ***42.*** − 0,8 ☐ ***43.*** 0,2 ☐ ***44.*** 0,8

15. Soit x_{min} et x_{max} la plus petite et la plus grande valeur observée d'un caractère quantitatif X, y_{min} et y_{max} la plus petite et la plus grande valeur observée d'un caractère quantitatif Y. Alors, on a toujours :

$$x_{min} \cdot y_{min} \leqslant \text{Cov}\,(X, Y) \leqslant x_{max} \cdot y_{max}$$

☐ ***45.*** OUI ☐ ***46.*** NON

16. On a trouvé $r^2 = 1$ et $y = 2x + 5$ pour équation de la droite d'ajustement de Y en X. L'équation de la droite d'ajustement de X en Y peut donc s'écrire...

☐ ***47.*** $x = 2y + 5$ ☐ ***48.*** $x = 0{,}5y - 0{,}2$ ☐ ***49.*** $x = 0{,}5y - 2{,}5$

LOTO-TESTS (réponses)

Loto-test n° 1
1 – 4 – 5 – 8 – 10 – 12 – 13 – 19 – 22 – 23 – 26 – 27 – 32 – 36 – 37 – 40 – 41 – 44 – 47 – 48

Loto-test n° 2
1 – 3 – 7 – 8 – 12 – 13 – 15 – 18 – 21 – 23 – 24 – 28 – 30 – 32 – 34 – 36 – 40 – 41 – 46 – 47

Loto-test n° 3
2 – 4 – 8 – 9 – 12 – 13 – 16 – 18 – 20 – 24 – 26 – 29 – 30 – 32 – 35 – 38 – 41 – 44 – 46 – 49

Masson & Armand Colin Éditeurs
5, rue Laromiguière
75241 Paris Cedex 05
N° : 92708
Dépôt légal : Janvier 1996

Imprimerie Nouvelle
45800 Saint-Jean-de-Braye
N° d'imprimeur : 29163
Dépôt légal : Décembre 1995